坂茂和他的建筑

坂茂和他的建筑

[日] 坂茂事务所 编著
付云伍 译

广西师范大学出版社
· 桂林 ·
images
Publishing

图书在版编目(CIP)数据

坂茂和他的建筑/日本坂茂事务所编著;付云伍译. —桂林:广西师范大学出版社, 2018.4
ISBN 978-7-5598-0706-9

Ⅰ. ①坂… Ⅱ. ①日… ②付… Ⅲ. ①建筑设计-作品集-日本-现代 Ⅳ. ①TU206

中国版本图书馆 CIP 数据核字(2018)第 046982 号

出 品 人:刘广汉
责任编辑:肖　莉
助理编辑:齐梦涵
版式设计:吴　迪

广西师范大学出版社出版发行
(广西桂林市五里店路 9 号　邮政编码:541004
网址:http://www.bbtpress.com)
出版人:张艺兵
全国新华书店经销
销售热线:021-65200318　021-31260822-898
广州市番禺艺彩印刷联合有限公司印刷
(广州市番禺区石基镇小龙村　邮政编码:511450)
开本:650mm×1 020mm　1/8
印张:54　字数:39 千字
2018 年 4 月第 1 版　2018 年 4 月第 1 次印刷
定价:368.00 元

目录

坂茂

札幌富士女子大学，三宅理一博士

前言

坂茂是一位个性独特的建筑师、一位怀有坚毅决心的战士，随时准备迎接和应对当今世界最为迫切的需求和挑战。在过去的 25 年时间里，他不断挑战人们对建筑师"至高无上地位"的认知，拉近了建筑与人类之间的关系。与信奉超前思想的现代主义者不同的是，他认为建筑师要具有强烈的责任感和意识去面对各种灾难。他通过有的放矢的设计，应对各种令人类痛苦不堪的灾难。他是一位具有坚定使命感的实干家，其行动能力无人可及。他常被人们称为行动积极、不知疲倦的建筑师，这主要指的是他在行动中所表现出的愉悦情绪和敏锐反应。作为职业的建筑师，拯救人类免遭天灾人祸，正是坂茂坚定意志的精髓所在。

如果说建筑是历史的产物，那么坂茂的作品就是这种历史的延续，同时伴随着不断向前发展的开拓性方法和思维。诞生于 20 世纪初期的现代建筑，摆脱了 19 世纪等级社会的束缚，强调社会住房和公共建筑设计的重要性。并坚持以社会道德价值观，而不是风格和美感对建筑进行衡量。据说，沃尔特·格罗皮乌斯已经通过现代主义将欧洲与美国联系在一起，凭借对民主性建筑的强调，试图以包豪斯流派的建筑语言使这一思想融入美国社会。在这种态度的背后，是他自己的城市设计价值观，渴望从庞大怪兽般、至今仍在很多建筑中有所体现的独裁专制体制中解放出来，旨在打造一个公民社会。荷兰建筑师约翰·哈布瑞肯通过反复的试验建立了"规划理论"，并将重点放在了战后欧洲的城市生活。他大胆地摒弃了统一设计思想，创造了市民参与的规划理论，并创立了灵活的住房体系，使之适应个人的生活方式和职业道路。

然而，20 世纪的规划理论并不能得到广泛的应用。作为现代公民社会的框架，它只能存在于发达国家。在这个财富不均的世界里，百分之一的高端人口所拥有的财富，与 54% 的底层社会人口拥有的财富相当，因此，现代主义者的理想是毫无意义的。坂茂认为，为所有生存的个人工作，正是一个建筑师的使命。对他而言，为全人类思考和工作是一项基本的要求。这部分序言的目的就是从全球的视角去看待坂茂的建筑使命，从而去发现他的个性与他在过去 30 内年所完成的作品之间存在的联系。

作为职业的建筑师，
拯救人类免遭天灾人祸，
正是坂茂坚定意志的精髓所在。

“起飞”，迎接紧急设计任务

结束了在美国的研究工作之后，坂茂于 1985 年在东京创立了自己的事务所，开始致力于住宅和展会空间的设计工作。为了应对 20 世纪 90 年代多发的自然灾害，坂茂开始涉足应急设计领域。他经常只背负一个行囊便飞赴灾难现场，唯一的目的就是要设计一种应急住宅系统，为灾后重建工作做出相应的努力。1994 年，也就是神户遭受阪神大地震袭击的前一年，他还参与了为卢旺达种族大屠杀中的受害者和难民提供临时性住宅的行动。这一经历也促使他确立了自己标志性的建筑风格。在过去的十年中，凭借着在日本的项目实施经验，以及为了应对空间匮乏而对结构和内部装修方面进行的深入研究，他对材料和结构方面的认知和理解发生了重大改变，从而开发出诸如纸管这样的新型材料。这种专业技术对他的临时性住宅建设做出了巨大贡献，使灾后所需的重建行动可以快速实施。

1994 年的卢旺达种族大屠杀源于胡图族和图西族之间的冲突，最终夺去了 100 万卢旺达人的生命。在这块红色的热带非洲土地上，坂茂亲眼目睹了大屠杀带给这些难民家庭的苦难情景，感到无比震惊和心痛。他凭着直觉意识到可以运用自己的知识和技能帮助他们重建家园。半年之后，他于 1994 年 10 月在日内瓦拜访了联合国难民事务的高级专员，建议采用纸管建造难民收容所。对于难民来说，庇护所是仅次于食品的重要需求。参与救灾的一些组织提供了防水帆布，可以用来搭建简易可行的帐篷作为住房的替代品。为了建造纸制居所，坂茂选择了纸制建材，并携带纸制住所的原型飞往卢旺达开始了现场建造工作。这些纸管、纸板和板块的制作完全符合国际标准，一旦做到本地化生产，将会大大提高建设和原材料供应的效率。坂茂的设想是通过将大量的纸管与防水帆布结合在一起，为难民营提供临时性的住所。而这些住所可以由难民自己来完成组装。这也成为他进行应急建筑设计的基本理念。

1995 年 1 月 17 日，正当坂茂忙于卢旺达的工作之时，日本发生了阪神大地震。神户及其周边城市的大量建筑毁于地震，多达 6000 人丧生，数万人受伤，无家可归者更是不计其数。坂茂在卢旺达建造纸屋的经验在地震救灾中起到了巨大的作用。在神户的地震之后，他还为居住在城市中的越南移民建造了临时住所。在神户人口最为密集的地区，那些昔日在木屋中居住并工作的“船民”，在灾难中失去了他们的住所和工作，无家可归的他们只能被迫居住在公园和空地上搭建的帐篷内。看到事态的严重性之后，坂茂立即采取了相应的行动。为了给灾民提供住所，他很快募集了所需的资金，并设计了采用纸管建造的应急住所。坂茂号召志愿者们帮助建造这些住所，并将众多志同道合的人们团结在一起。这些临时住所是采用纸管、塑料啤酒箱套和沙袋等应急材料建造的，由于令人联想到原木小屋的样子，因此这些住所被称为纸木屋。万事俱备之后，坂茂又对一座毁于地震的天主教堂进行了重建。在尊重教堂原有结构的前提下，他采用了椭圆形的平面布局，并使用纸管塑造了柱廊。屋顶则采用了帐篷作为材料，覆盖在由纸管列柱形成的空间之上。这座教堂如此美丽以至于临时建筑也能和谐美观的思想随之产生。这座纸教堂不仅是一个祈祷的场所，也是所有地震受害者的公共空间，成为永田地区整体振兴的象征标志。这些临时建筑正是坂茂大规模建筑实践的开端，到目前为止，他的事务所在某些方面已经成为社会福利组织。后来，他在回顾这一经历时说，起初他并不确定这些建筑会产生何种影响，可是，当难民们搬进这些住所，并开始去教堂活动时，他便感受到建筑所具有的人性化，并与志愿者们共同分享了巨大的愉悦感。

卢旺达和神户的经历为坂茂的建筑提供了新的主题：人类的生存。而建筑的形式和风格不再是主要的关注目标。这些项目证明了建筑成为人类基本居住场所的潜力，将“应急设计”定义为简化的设计，并最大限度地支持人类的生存。要做到这一点，就必须抛弃华而不实的设计元素，去除诸如装饰等附属产物。显然，这种设计的哲学思想在坂茂的应急项目中扎下了深深的根基。

卢旺达和神户的经历为坂茂的建筑提供了新的主题：人类的生存。
而建筑的形式和风格不再是主要的关注目标。

坚持不懈的创新

坂茂对技术和空间充满了极度真诚的情感，他尊重每一个物体的特性，对肤浅和敷衍的建筑提出了批评。他拒绝诡辩，也不善言辞，而是专注于对真正的建筑进行彻底研究，重点关注的是结构和材料特性。通过不断的改进，他发现了各种新的建筑可行途径。通过强调材料的物理特性，他表达了对材料的尊重，并经常把不同的材料结合在一起，形成互补的特性，从而获得更佳的性能。纸管只是坂茂以这种方式进行研究的材料之一，其他的材料还有晒干砖块、帐篷结构、单板层积材（LVL）和交叉层压木材（CLT）等。他花费时间研究改进这些材料和技术，并将其应用到自己设计的建筑当中。

凭借着这种创新精神，他的第一个国际性作品——2000年汉诺威世界博览会日本展馆显得极具趣味。因为这些材料都是用回收的废纸制造的，纸管的运用直接促进了废纸的回收利用。此外，由于这些纸管的制作中没有使用可燃的木料和纸张，所以不会产生二氧化碳，从全球环境的角度看，这也有助于防止全球变暖的趋势。坂茂在20世纪90年代完成的一系列纸管项目，获得了环保人士的广泛赞誉。他也因此被选为汉诺威世界博览会日本展馆的建筑师，以环境为主题展开了设计工作。他打算采用已经在日本开发成功的纸管建造方法，并努力首次达到欧洲的标准。在德国的建筑法规面前，坂茂遇到了诸多困难，这些规定在防灾和结构体系方面尤为严格。在坂茂的初始方案中，纸管并不是作为立柱使用的，而是形成了网格状的框架结构，覆盖了全部的表面区域。彼此相连的纸管从侧面开始逐渐向上升起，从而形成了三维的壳状结构，并可以分三个阶段完成。然而，德国的建筑部门并没有批准这一方案。他们要求坂茂必须对这些材料的强度和阻燃性等标准进行测试。因此，为了使项目可以作为木屋获得建设许可和法律上的批准，坂茂耗费了大量的时间。最终，他别无选择，只能增加了一部分铁质结构（一些部件也是木制的）。

因为这个展馆的主题致力于环境问题，其目标是展现回收利用的重要性，所以坂茂的设计也遭到了不少人的批评和非议，认为他的项目具有空想主义的意味。据报道，在德国的经历已经成为坂茂的一次重挫。从这次不顺的经历中得到的经验教训也成为他之后进行建筑创新的动力。然而，新闻媒体并不深入关注技术上的真实性问题，相反，他们对坂茂赞赏有加，支持他继续投身于自己的国际性事业，并关注他运用纸管创建三维壳状结构进行大型空间塑造的能力。这种结构对环境的影响很小，在此基础上，再采用搭建帐篷的材料将整个结构完全覆盖。

从2000年开始，坂茂进入了事业的高峰期。他不断收到来自世界各地的新建筑设计请求，其范围包括博物馆、展馆、剧院和表演空间等。正是这些需求为他创造了良机，使其建筑具备了实际应变能力。包括戏剧导演和博物馆馆长在内的众多客户都对他新颖的建筑方法产生了极大的兴趣。坂茂充分利用这些机会，进行了大量的试验，并将一个项目中得来的经验运用到下一个项目之中。这就是坂茂设计实践的演变过程。

在汉诺威世界博览会举行期间，坂茂已经开始设计一座法国的博物馆——勃艮第运河讲解中心。尽管这一项目的规模较小，他却采用了很多新颖的构思，也许这是为了报复之前在汉诺威的遭遇。这次的客户是法国航道管理局，他们管理和控制着法国全境的河流水道。博物馆位于勃艮第地区第戎市的一个社区内，其底部和侧面采用纸管与铸铁铝管相结合的方式进行加强。三维的纸管结构覆盖着半透明的聚碳酸酯面板，这种三维结构是由改进的纸管和金属管建造的，并在纸管中集成了钢筋。

在一家荷兰剧团委托的游牧式剧院项目中，坂茂凭借纸制穹顶使自己的设计体系得到了进一步发展。他成功地创造了一个直径为26米的半球形空间，尝试了以最少的材料实现大型空间的可能性。与通过组合的材料在三个维度上伸展的空间框架不同的是，这一结构更像是一个优雅膨胀的气泡。纸管被星形的连接器件连接在一起，穹顶覆盖着三角形的栅格，使巴克敏斯特·福勒的网格穹顶构思得到了扩展。坂茂在纸管中内置了钢筋，使纸管和钢筋在压力和张力的作用下都能够发挥效用。通过这种互补材料的结合，坂茂充分利用了每一种材料的特性。从那时起，这一思想就一直在他的作品中有所体现。

坂茂建筑事务所的另一个特色就是对几何学的深入运用。对于坂茂来说，几何学是创建造型的基础，这种本能在他的内心深处已是根深蒂固。凭借几何学，他的灵感得以实现，通过技术与几何学的结合，他可以尽情创造空间。穹顶结构是这一方法的具体实例，根据机械特性选择的材料被结合在一起，创造了统一的空间。这种建筑的外观包含着逻辑美学，因此在视觉和空间上获得了和谐的效果。

从现成品到集装箱

勃艮第运河讲解中心由两个建筑构成——一座船库和一个研究机构。为了降低成本，在建造中采用了现成的组件，它们很像那些能在 DIY 商店里找到的材料。从纯粹的古典角度看，这为形式上的美感增添了极高的价值，同时也几乎是令人难以置信的。立柱的结构中采用了开槽的直角型材（金属托架），这些通常在书架中使用的组件在结构和灵活性方面起到了重要作用。坂茂的独到之处在于，他不排斥熟悉的材料，而是以非凡独特的方式去运用它们。在同一时期（1995 年），他还利用木制书架作为结构组件，建造了家具屋。这再次展示了坂茂天马行空般的思想，他的逻辑思维从不拘泥于材料的传统定义。

这种方法主要是通过运输集装箱的运用而开发出来的。在印象中，运输集装箱通常是一堆堆的叠放在货运场上。集装箱有着坚固和庞大的结构，然而，只要我们将目光放在已经建立的建筑定义上，这样堆放的集装箱只能被看作异物。但是坂茂的看法却与众不同，在他眼里，一个集装箱就是一个空间单元，将它们运用到建筑中是理所应当的事情。因此，他设计了巨大的游牧式博物馆，该博物馆主要用来展览加拿大摄影师格利高里·考伯特的作品，并可以运输到世界各地不同的城市，进行组装后用于展览。坂茂的解决方案完全出乎人们的意料，他将若干 6 米的集装箱堆放在一起，高达 4 层、排成 2 列，仿佛堆放在一起的积木。他在两列集装箱之间用纸管建造了两排列柱，用来支撑形成屋顶的帐篷结构。为了将集装箱彼此相连，每个集装箱的各个顶角处都开设了洞孔。这样，如果采用交替堆放方式，并将每个顶角彼此相连，只需要一半数量的集装箱就可以实现设计目标，整个空间的长度可以达到 200 米。这个庞然大物足以令参观者惊叹不已，更重要的是，这些集装箱和纸管的制造都符合国际标准，在世界各地都可以获得这些材料。因此，一旦每个城市都能提供集装箱，就可以在各地实现相同的建筑。这样，需要运输的就只是每次展出的物品。游牧式博物馆也因此可以穿梭于纽约、圣莫尼卡和东京之间，根据不同地区的情况改变其布局方式，出色地完成了作为临时性展馆的任务。

凭借着游牧式博物馆，坂茂有机会了解到有关集装箱的使用知识。这些知识在他之后的应急住所中得到了应用，用来应对自然灾害。由于集装箱在发生状况时就可获得，并且便于运输，十分适合这种居所的快速建造。

2011 年日本东部大地震之后，在宫城县女川镇建造的临时住宅将这一思想表达的淋漓尽致。在震后，尽快为居住在学校体育馆这样的疏散设施中的人们提供住所是至关重要的，因此建造速度就必须尽可能快。鉴于女川镇位于海岸附近的狭长地带，很难找到足够平整的地面，因此坂茂决定利用体育馆旁边的棒球场。他也必须处理一个难题，在未来需要拆除的前提下，建造的临时住所就不能有任何的地基工程。于是，坂茂的解决方案选择了从上海紧急进口的运输集装箱，以国际象棋盘的图案方式将它们堆放成 2~3 层的高度，并附加了楼梯和走廊，建立了临时的住宅街区。集装箱的容积与一个房间的大小基本相当，他通过不同的组合方式让每一个空间都能与不同规模的家庭相适应。一旦内饰完成，水电供应到位之后，它们就成了适合居住的住宅。最终，一共建立了 9 个住宅街区，提供了 189 个居住单元。在这些街区中，还安装了多用途的公共设施。

这些本打算只使用几年的集装箱住宅，无论在性能上还是外观上，都超出普通临时住所的标准。它完全改变了灾难中紧急避难住所先前的形象，不仅确保了灾民的安全，还为他们提供了舒适的居住环境。包括安装集装箱在内的工作都需要施工设备，因此就需要工程师的协助。然而，内部的装修和设备安装工作完全是由来自日本各地的志愿者完成的。一方面，诸如集装箱这样的现成产品以工业的规模大胆地进行了安装。而另一方面，每个居住单元内部手工制作的家具和饰物，都是由志愿者根据自己的个性风格添加的。这也正是志愿者的缩影，他们为了使当地的人们重新振作精神、地区的重新振兴，积极参与到建筑工作中。这种方法也拉近了建筑与社会的距离，打破了公共建筑的建设工作与普通人之间的传统屏障。

梅斯的蓬皮杜中心

在 21 世纪的第一个 10 年里，坂茂最杰出的设计作品可能就是梅斯的蓬皮杜中心。以此，他赢得了 2003 年的设计竞赛，并在 2010 年开始了施工建设。该项目是在当时的文化部长让 - 雅克·艾拉贡的支持下启动的，作为改善该市文化生活的重要机构，促进梅斯及周边地区的总体发展。该项目最初也是作为建于 1997 年的巴黎蓬皮杜中心的附属建筑。国家和该地区选择了梅斯火车站附近的一个铁路站场作为建设场地。通过与法国人让·德·加斯汀纳的合作，坂茂的方案击败了包括赫尔佐格和德·梅隆等候选者的参赛作品，赢得了设计竞赛。

人们经常提到一件轶事，梅斯蓬皮杜中心的设计灵感是坂茂从一顶草帽得来的，这顶帽子至今仍然摆放在他的办公室中。看起来它不过是一件在东南亚的旅途中随意挑选的纪念品，实际上，它的意义远不止于此。它的竹编曲面启发了坂茂的构思，采用了木制结构将巨大的空间覆盖在内部。每根竹片的长度自然地画出了柔和的曲线，当压缩的时候可以形成立柱，当扩宽后就形成了壳面。它展示了自由构造形式的可能性，摆脱了传统的穹顶和拱顶这样俗套的结构形式。认识到这种设计的自由性之后，坂茂尝试提出了一种新的特殊模型，以替代勒·柯布西耶的多米诺体系结构和费利克·坎德拉的壳体结构。最终，他用 LVL（单板层积材）取代了竹片，实现了这一结构体系。

总体的空间结构非常简单，一个用 LVL 制成的“草帽”构成了屋顶的主要结构。在屋顶的下面，三个堆叠的长方形管状结构形成了展馆空间。三条不同的轴线或城市景观线将城市的纪念景点贯穿连接，与每个管状结构的方向相对应，使景观成为坂茂建筑设计中的决定性因素。建筑的平面视图呈六边形，将 3 个管状结构的每侧都连接在一起。具有 6 个支撑点的草帽结构覆盖了帐篷材料，并与之一起形成了曲面屋顶。屋顶的六边几何形状十分柔和，将直线形管状结构刚性的几何造型覆盖在其下。

当编织在一起时，采用 LVL 材料制作的木制结构在所有的方向上都获得了可塑性，对于各种造型都具有内在的适应性。与梅斯的蓬皮杜中心大约同时期建造的韩国赫斯利九桥高尔夫会所（2010 年），也利用了这种新结构的特性。木柱和大型的拱形天花板是用交错编织的木条制成的，支撑着巨大平整的屋顶。从三个不同方向交叉汇聚的肋拱形成了星形的镂空，使自然光线可以从空中透射进中庭。这很容易让人联想起弗兰克·劳埃德·莱特设计的庄臣公司总部，那里的中庭内设有蘑菇造型的立柱。然而，必须指出的是，坂茂的设计比劳埃德·莱特的设计更具活力和趣味，并保持了木料的质感。这顶草帽为坂茂带来了一个极具成效和创造性的时期，也随即为木料的运用提供了新的可能性。

从 2000 年汉诺威的世界博览会到梅斯的蓬皮杜中心，坂茂在 10 年的时间内，将建筑领域带入了一个全新的世界，“编织建筑”的概念便是一个典型的范例。出人意料的是，这一概念的提出却十分简单，他将一种材料的机械特性转换到大型的木制结构中。他还对日本日常生活中常见的竹器进行了研究，其中包括网代，一种编织的结构，还有一种使用弯曲的薄板做成的木盒。他还从亚洲的日常生活用品,包括来自中国的竹器中获得了灵感。由胶合板发展而来的最新 LVL 材料制造技术使这一切成为现实。从保护全球环境的角度看，木料的动态使用具有极大的益处。由于采用了标准化的生产系统，这些纸管可以回收利用，并成为可更换的材料。而 LVL 材料也是环境问题的另一个解决途径。当我们重新思考每一种技术，对其进行超越根本实质的再创造，从而使之适应现代世界时，新设计就会产生意想不到的效果。新技术和新设计也正是在这样的条件下才得以诞生，而不是产生于高度重视效率的、以业务为基础的普通环境。

它（草帽）的竹编曲面启发了坂茂的构思，以木制结构将巨大的空间覆盖在内部。

木化

在实现方法上，坂茂的木制结构建筑与日本传统的木结构空间截然不同。他高度重视建筑的多用途性，他的最大挑战是通过计算得出适合材料物理特性的几何造形，以确保木质结构的合理性。如果前面提到的编织结构形成了一个极点，那么在他对普通结构设计进行的挑战中，人们可以看到其他的极点，这些结构完全由木制的立柱和横梁构成。2013 年，为苏黎世的瑞士媒体公司 Tamedia 的新办公楼进行设计时，他大胆接受了这一挑战。在世界各地，木制的立柱 - 横梁结构随处可见，它们本身也并不是新的事物。然而在这一项目中，坂茂试图在一个 7 层的办公大楼内创造一个大型的透明空间。他被委以重任，确保创建一个没有任何立柱的空间，并留有一个尽可能大的开口，还要去除所有可能阻挡视线的支架。以尽职尽责的态度去开发底层技术正是坂茂典型的作风。与以前一样，他极其重视不同材料结合运用的相宜性，并一直寻求去除金属接头的方法，这些具有不同物理属性的接头，将被木料替代。他提议采用大断面的 LVL 材料制造两种长度不同的木质结构，主结构的跨度达到了 11 米，次级结构的跨度为 3.2 米。这些结构通过木制的水平拉杆和椭圆形连杆固定，这些连杆可以贯穿立柱和横梁，起到接头的作用。

结果，这种由立柱和横梁组成的结构在外观上令人联想到巴黎蓬皮杜中心的钢结构。不过，就空间和结构的特征而言，它更像是由中殿和通道构成的中世纪教堂建筑。甚至可以说，它令人回想起中国宋代的佛教寺庙。由于采用了一种在传统框架中使用的贯穿连梁，它们的结构显得十分庄严。包括屋顶在内的整个结构都安装了玻璃，木料的纹理和玻璃的透明性结合在一起，创造了一个现代的办公空间。坂茂实现了一个即强劲有力，又柔和流畅的透明空间，这也正是他最初的设计意图。

很多欧洲国家的建筑，尤其是瑞士和芬兰，都以木材的精致运用而著称。除了蓬皮杜中心的建设经验之外，坂茂与擅长木质结构的瑞士结构工程师进行合作，并与理解他所要实现目标的当地 LVL 材料制造商 Hermann Blumer 展开了密切协作，这些都促使坂茂取得了项目的成功。初看上去，它似乎只是一个在原有广场内建设的普通建筑。但值得注意的是，该项目的成功得益于坂茂以可以承担的代价寻求大断面固体材料的能力，以及借助计算机辅助设计进行精密制造的每一个结构部件。

2015 年建成的大分县艺术博物馆也许是“木化”时期的巅峰之作。2011 年秋天，也就是梅斯的蓬皮杜中心正式启用一年之后，坂茂赢得了这一项目的公开竞赛。并在实施 Tamedia 办公大楼项目的同时，一直致力于这一项目的工作。他在建议方案中保留了“一个由木料围成的博物馆”的主题。与欧洲一样，出于降低温室气体排放和促进可持续性造林的原因，提倡在建筑中使用木材的运动在日本愈演愈烈。2010 年，日本政府通过了一项倡导在公共建筑中使用木材的法规，规定所有的低层公共建筑应该采用木材建造。此外，大分县还强调了促进林业发展的目标，并要求增加当地采伐的木材使用量。

这座博物馆向所有的市民开放，旨在通过建筑表达和传递其吸引力。对于博物馆的设计，最为重要的就是内部与外部空间的融合，也就是构思一个根据不同的情况将户外公共空间与室内空间连接 / 断开的系统，为不同的活动提供服务。为了满足这些要求，坂茂在一层设计了一个大型的开放式中庭，四周环绕的移动式双折叠门与相邻的社区相对。在其上方，还设置了很多展室，构成了一个大型的立方体封闭空间。这个大型的中庭没有立柱，整个空间是通过大跨度木制桁架将外部的壁骨（板墙筋）相连而实现的。这个立方体空间的表面划分了很多的小型网格，以便和下方的中庭空间加以区分。虽然主结构使用了钢材，但是上方的这个立方体空间表面却是由雪松实木制成的短支架围成的。与 Tamedia 办公大楼一样，这里的木质结构也覆盖了玻璃罩面。值得一提的是，坂茂制作的木模更小，与大分地区典型的竹器十分相像，那里以优雅秀美的竹林而著称。他没有力求标新立异，而是将具有环保作用的“木化”工艺与博物馆促进社区发展的目标结合在一起，以简单的方式实现了一个精巧别致的建筑作品。

坂茂极其重视不同材料结合运用的相宜性，并一直寻求去除金属接头的方法，这些具有不同物理属性的接头，将被木料替代。

日本东部大地震之后

2011 年 3 月 11 日，仙台海岸附近发生了震惊世界的大海啸。海啸是由里氏 9.0 级的大地震引起的，这也是有记录以来的第二大地震，仅次于 2004 年的苏门答腊大地震。世界各地的电视台和网络都播出了从北海道至日本东北部长达 600 公里的太平洋海岸线遭受大海啸袭击的画面。海啸造成的破坏远远超过地震当面对恐怖的破坏情景时，当地的居民开始感到困惑和绝望。建筑师们不得不接受这样一个事实：在大自然势不可当的力量面前，建筑不堪一击。的确，当时整个建筑界都充满悲观的情绪。尽管如此，坂茂和他主持工作的非营利组织——志愿建筑师网络（VAN）仍然鼓起勇气去迎接这一挑战。

自从 1995 年神户的阪神大地震发生之后，VAN 就一直致力于帮助灾民和灾区重建的工作。坂茂已经成为一个持之以恒的积极分子，在历次重大灾难中投身于召集志愿者、募集资金、提供临时避难所和住宅等工作。这些灾难包括 1999 年土耳其西部的伊兹米特大地震、2004 年的苏门答腊大地震和海啸、2008 年的四川大地震、2011 年的新西兰坎特伯雷地震、2011 年的日本东部大地震和海啸、2013 年的海南超强台风和 2015 年的尼泊尔大地震。在这些活动中，他投入了大量的热情和精力，而对于其他的建筑师或工程师来说，要做到这些却绝非易事。人们可以简单地把他称作社会活动家但是不应忘记的是，正是一个建筑师的职业责任感才促使他致力于这些活动。坂茂曾经说过："在地震发生时，并不是地震本身夺去了人们的生命，而是倒塌的建筑造成人们的伤亡。"他还强调了救灾和基于知识与技术的重建工作的必要性。自从东日本大地震袭击了他的祖国之后，在所有的建筑师中，坂茂是对重建工作贡献最大的。他投入大量的精力用于开发和安装采用纸管建造的应急住宅单元、（纸制分区系统），以及临时住宅的建设和管理工作。不仅使用纸管的想法被广泛采纳，安装在疏散设施中的纸制分区系统也为被疏散者提供了私密的空间。同时，他还在灾区运用纸管结构重建了一所学校。由于灾区严峻的形势，材料的快速生产、大量供应，避难住所的高速建造和经久耐用就显得十分必要。VAN 的宗旨不仅是为施工现场带来具有灵活性的工程，还要成为一个灵活的组织，使志愿者和灾民都可以参与组织的管理工作。该组织以最为务实的方式将社会参与的思想转化为行动。通过一系列这样的项目，坂茂在 20 世纪 90 年代中期发生的卢旺达种族大屠杀和阪神大地震中提出的实验性社会承诺逐渐成为一种社会活动，这已远远超出了建筑的范畴。

就在日本东部大地震发生之前的几周，坎特伯雷大地震袭击了新西兰南岛，克里斯特彻奇的一座哥特复兴风格大教堂遭到了严重破坏，由于已经毫无保护价值，最终被彻底拆除。当地政府要求坂茂要在新教堂建好之前设计一座临时的教堂，为当地的信众以及范围更广的社区提供服务，坂茂欣然接受了这项无偿的志愿工作。自从在阪神大地震后建造了临时教堂替代神户被烧毁的教堂之后，坂茂对于为人们的信仰和集会活动服务的教堂和教会建筑就已产生了浓厚的兴趣。他不断地思考，在作为临时建筑的前提下，如何去实现教堂的宗教功能，如何体现出教堂的象征意义，如何建造一个比以前的项目更符合逻辑的建筑。在神户的案例中，他设计了以椭圆形式排列的立柱，与早期的巴洛克风格建筑类似。与此相反，这一次他为克里斯特彻奇设想了一个三角形布局，并带有尖顶的哥特式教堂。

临时教堂长达 24 米，通过将集装箱放置在每个侧面，并用纸管制成的屋顶覆盖在其上，保持了与原来教堂相同的高度。虽然集装箱在这个案例中处于次要的地位，像侧廊一样起到了加固基础的作用，但是这种将集装箱与纸管相结合的结构仍然可以被看作游牧式博物馆的延续。向上耸立的纸管创造了一个巨大的中殿空间。在设计教堂造型的过程中，坂茂借鉴了原来教堂的三角形造型和尖顶结构。通过逐渐减小三角形的宽度，他强调突出了中殿的深度，也就是从门廊处的等边三角形截面逐渐过渡到唱诗班席位的锐角等腰三角形截面。这座可以容纳 700 人的大教堂配备的胶合板座椅和胶合板圣器也是由坂茂设计的，从而形成了设计的一致性。这座教堂在 2013 年 8 月正式落成并交付使用。

自 2010 年以来，坂茂已经取得了非凡卓越的成就。他主持和参与了世界各地的大型项目，诸如巴黎郊区瑟甘岛上的塞纳河音乐剧场。他在建筑领域，甚至是这一职业之外的领域里都成为世界级的权威。他不仅在学术方面得到了人们的敬仰，作为社会活动家所产生的影响也是极其深远和巨大的。他不停地奔波于世界各地，尽管他的工作十分忙碌，一旦有灾难发生，他总会毫不耽搁地奔赴现场。由于他的不懈努力，建筑已经摆脱了营利性活动的束缚，成为一项开拓性工作，以新的观点来看，建筑可以作为拯救人类的手段。他忠实于自己的空间和审美感受，追求不断地创新，并通过对人类的根本关注保持着不屈不挠的态度。坂茂的思想和作品正在为建设具有 21 世纪新视野的社会做出巨大的贡献。

三宅理一博士

三宅博士1948年出生于东京。1972年从东京大学毕业后，继续在巴黎的艺术学院学习，并于1978年毕业。之后，他于1981年在东京大学获得了工程学博士学位。他先后在芝浦工业大学、列日大学、庆应大学、巴黎国立工艺技术学院担任教授一职。随后，他于2010年担任札幌的富士女子大学副校长一职，并以教授的身份进行讲学。他主修建筑历史、文物保护和城市规划专业，在很多研究机构进行过讲座，其中包括莫斯科建筑学院、北京清华大学、休斯顿莱斯大学。作为日法工业技术协会的副会长，他还参与了众多促进日法关系的活动。

他参与了很多城市的规划工作，包括横滨（日本）、赫尔辛基（芬兰）、沈阳（中国）和贡德尔（埃塞俄比亚），以及普罗博塔修道院（罗马尼亚）、贡达贡多修道院（埃塞俄比亚）等保护项目。从1983年开始，他领导了城市发展和文物保护国际论坛，使亚洲和欧洲的众多机构联合在一起。他的主要著作包括《世纪末形象》（柯林斯出版社，伦敦，1988年）、《巴黎美术学院建筑手绘》（Artauld出版社，巴黎，1989年）、《一性派》（TOTO出版社，东京，1994年）、《织造文化、创造文化》（鹿岛建设出版社，东京，2005年）、《坂茂：纸建筑》（里佐利出版社，纽约，2009年）、《圣-戈班》（武田兰登书屋，东京，2010年）、《厚田：北海道的再度畅想》（Flick工作室，东京，2013年）。此外，他还组织过一系列的建筑展览，包括“前卫的日本”（蓬皮杜中心，巴黎）和“平行的日本”（日本的住宅文化，巴黎，以及其他地区）。

纸管建筑

小田原市节日大厅

地点: 日本神奈川 **时间:** 1990年 **建筑面积:** 1300平方米

为纪念小田原市政府成立 50 周年，该市需要一个临时性的多功能大厅，市长最初希望建设一个木制的建筑，但是考虑到有限的预算和时间，坂茂建议采用纸管作为“进化的木料”进行建设。由于该建筑的规模远远超出一年前建成的纸凉亭，因此这些纸管在投入结构性使用之前必须得到许可和批准。可是，因为施工期的原因，没有足够的时间去申请许可，因此，只在独立式外墙和内墙的结构中采用了纸管。由于它们只能够承受风力，所以使用了钢柱支撑这个空间框架的屋顶。

大厅内部空间的建筑面积达到 1300 平方米，由 330 根直径 53 厘米、厚度 1.5 厘米、长度 8 米的纸管构成。纸管之间的缝隙采用透明的乙烯管进行密封填充，可以使自然光线进入室内。一个直径达到 1.2 米的大型纸管构成了卫生间设施的隔间。

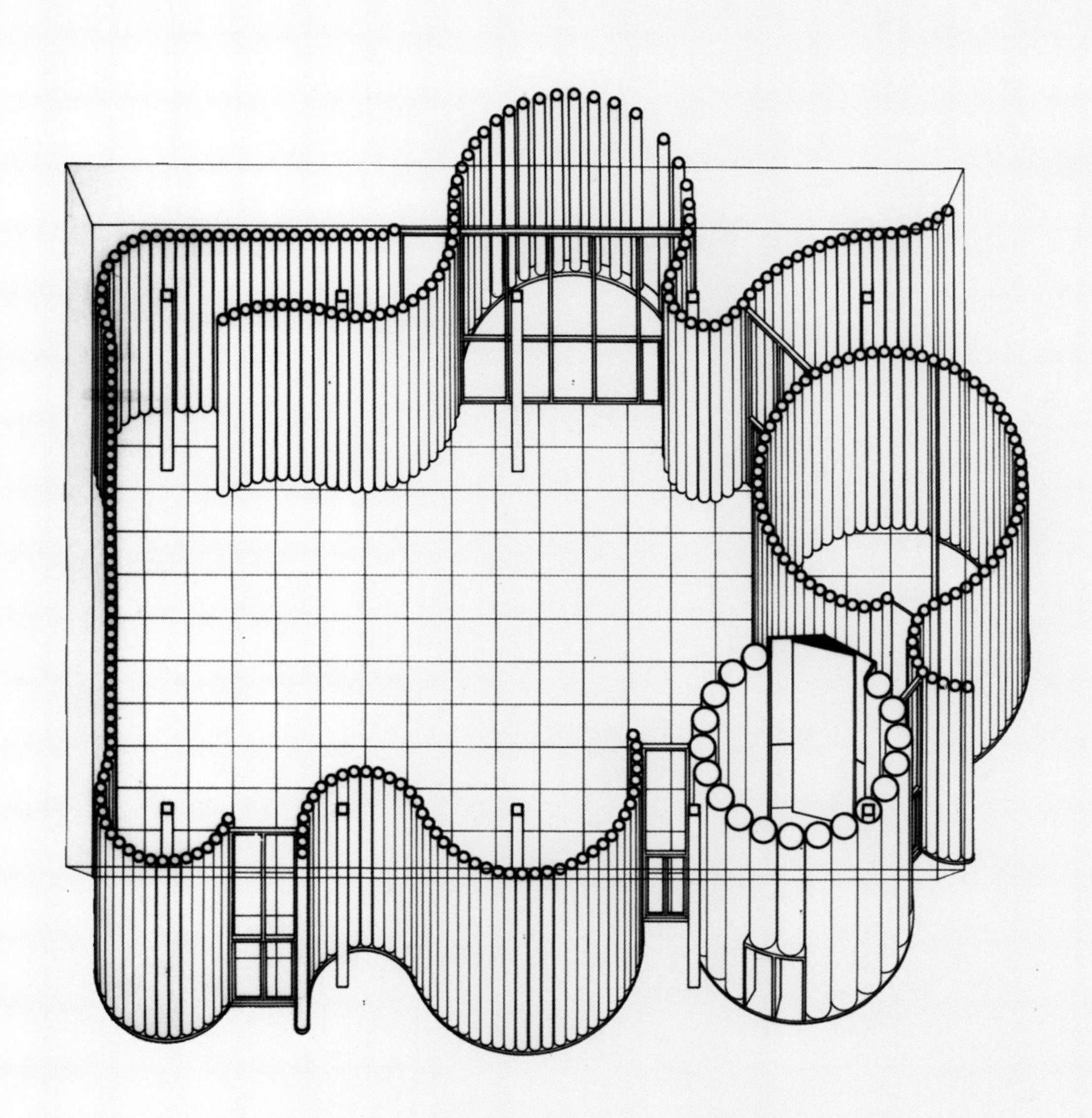

神户的纸教堂

地点：日本神户永田 **时间：**1995年 **项目团队：**坂茂、平木茂 **结构工程师：**松井源吾、星野秀一、太阳铁工-内田美穗子 **总承包商：**志愿者 **主要用途：**教堂、社区大厅 **施工时间：**1995年 **建筑面积：**168 平方米 **结构：**纸管结构，一层

这个社区中心和礼拜堂是在高取町教堂的原址建设的，1995 年 1 月，原教堂毁于阪神大地震引起的火灾。这个教堂的会众主要是居住在附近的越南裔难民，他们的家园也在大地震中被摧毁。坂茂与 160 名志愿者齐心合力共同重建了这个小型社区中心，同时还建造了 30 个纸屋作为临时住所。作为临时中心的纸教堂不仅满足了灾民们的精神需求，还提供了公共集会的场地。

由于教堂的设计和建造工作必须在极短的时间内完成，坂茂在纸管结构中运用了在之前项目中开发的结构化技术。与纸屋一样，纸教堂也必须保持较低的建造成本，并且要使志愿者无须重型机械的帮助就可以方便地进行组装。按照坂茂的设想，这个教堂在神户的使命完成之后还可以方便地拆卸并运输到其他的灾区继续使用。教堂的平面布局呈矩形，长 15 米、宽 10 米，并在外部罩有一层半透明的聚碳酸酯面板。整个教堂的正面可以完全开放，其他侧面也可以实现半开放状态，从而形成空气对流，并为拥挤的活动提供额外的空间。

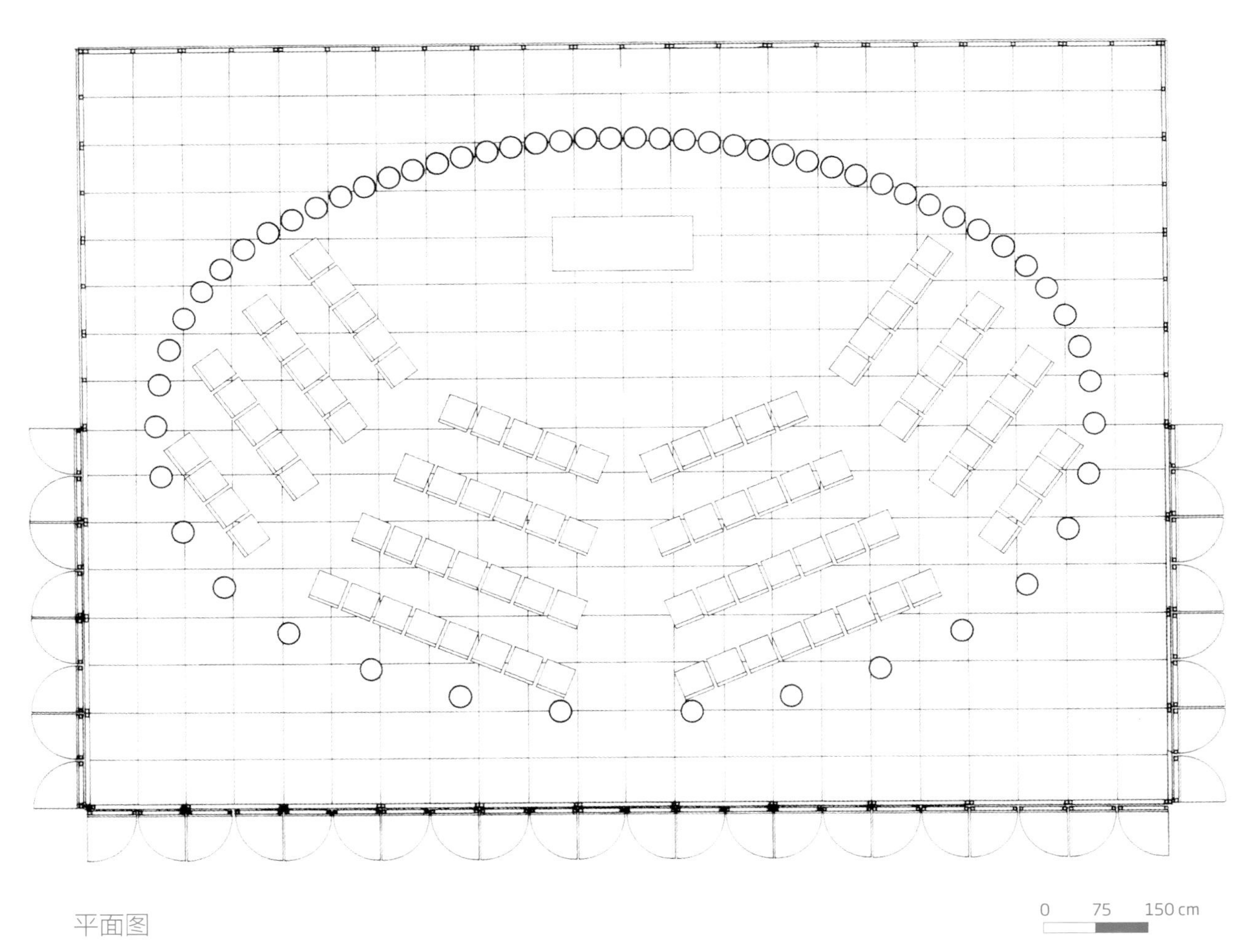

平面图

与外部方方正正的造型结构相反，坂茂本着17世纪巴洛克风格建筑师吉奥瓦尼·洛伦佐·贝尼尼的精神，在教堂的内部用58根纸管创造了一个充满活力的椭圆形空间。这些纸管每根高达5米、直径为33厘米、厚度为1.5厘米。椭圆形空间内设有容纳80人的席位，在这些纸管的另一侧是沿着建筑外围环绕的走廊。沿着椭圆形长轴排列的纸管中，有一侧间隔较为紧密，形成了舞台和圣坛的背景，也提供了储藏空间。而另一侧的纸管排列间距较为宽阔，当教堂的正门和各面的侧门打开之后，使内部和外部空间的界限消失，自然地融合在一起。沿着椭圆形空间分布的教堂入口排列十分紧密，人们进入后，目光会被使用帐篷材料制作的天花板深深吸引。在白天，天花板可以使自然光线进入教堂内部；在夜晚，它则散发出金色的光芒。

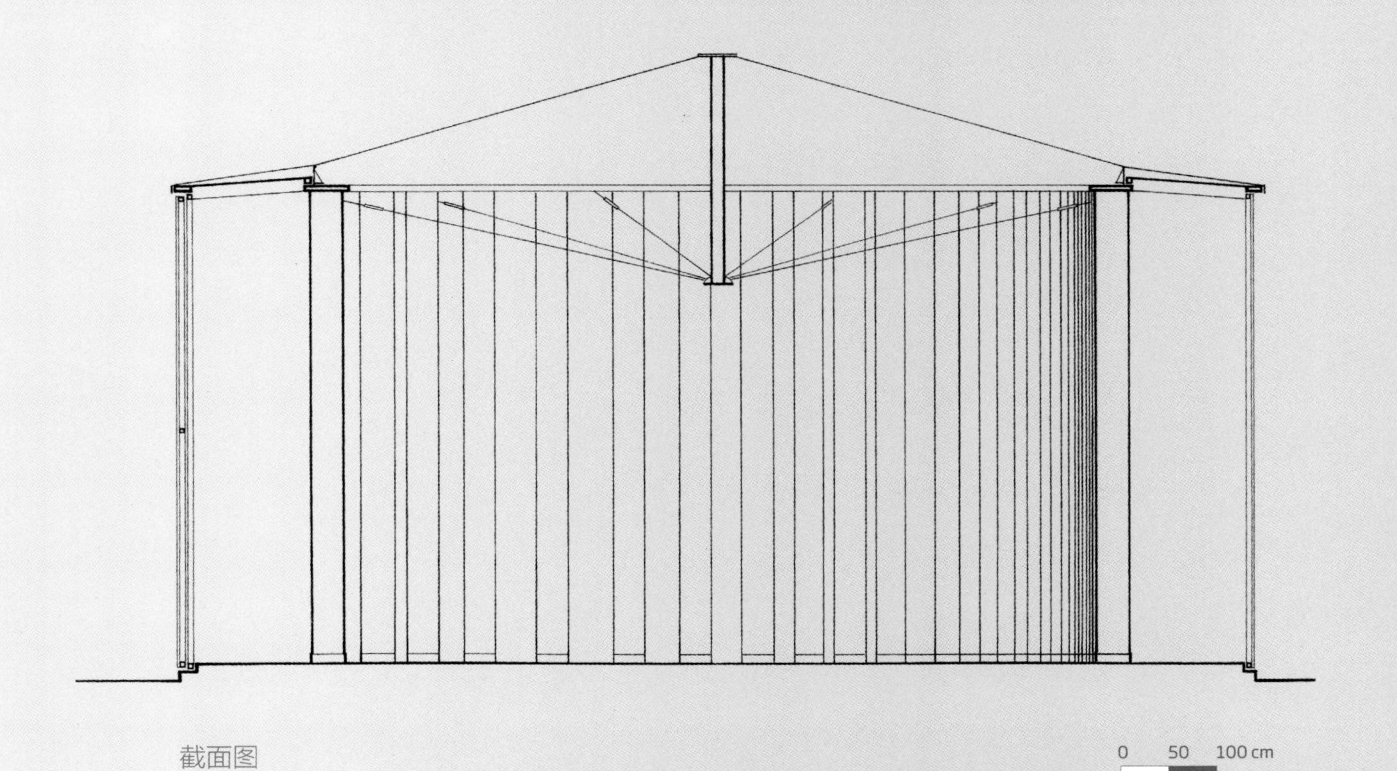

截面图

日本的纸木屋

地点: 日本神户永田 **时间:** 1995年 **项目团队:** 坂茂、石田真美子
结构工程师: 手冢实、太阳铁工-金子荣一郎 **总承包商:** 志愿者
主要用途: 临时住所 **设计时间:** 1995年5—6月
施工时间: 1995年7—9月 **建筑面积:** 16平方米 **结构:** 纸管结构

1995 年 1 月，当神户发生了阪神大地震之后，当地的政客许诺尽快为所有的灾民提供临时住所。正是这一原因，坂茂建筑事务所才在当时决定专注于提供集体使用的临时性社区空间。可是到了 6 月份，很多人仍然只能获得临时性的住宿服务，居住在塑料帐篷内。于是，坂茂决定至少设计出一种纸木屋作为解决方案。

这一设计需要经济性的结构，不仅任何人都可以方便地建造，同时还要有迷人的外观。该解决方案以充满沙子的大量啤酒箱套为基础，墙壁采用了直径为 10.8 厘米、厚度为 0.4 厘米的纸管，天花板和屋顶则使用薄膜材料制成。这个设计可以算是一种小木屋似的住宅。

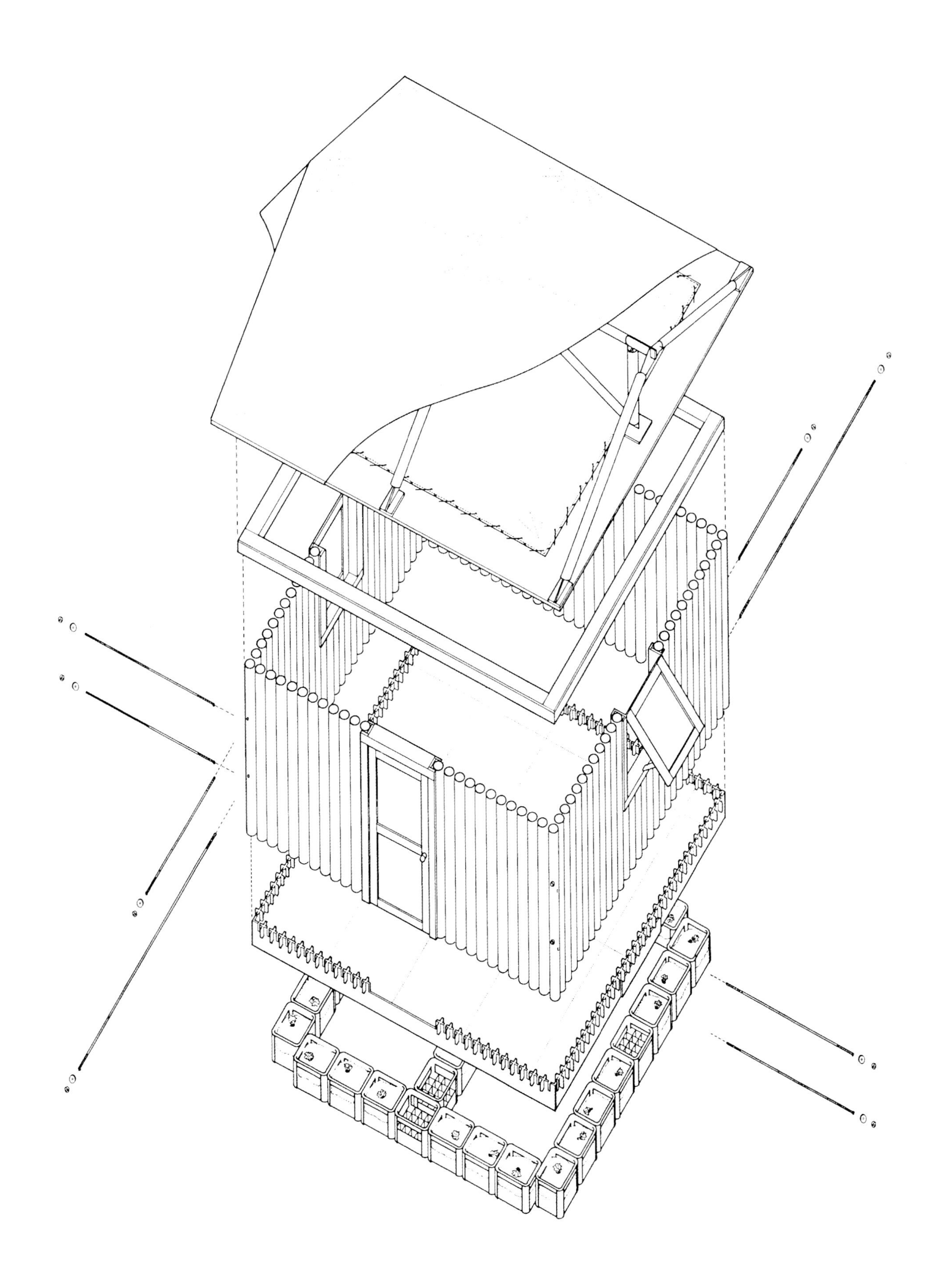

キリンビール
KIRIN BEER

啤酒箱套是从制造商那里租借来的，并在施工期间作为台阶使用。在相邻纸管之间缝隙的两侧，使用了自粘型的防水海绵胶带。薄膜制成的屋顶和天花板是彼此分离的，这样在夏天的时候，屋顶的每端可以打开进行通风。而在冬天的时候，关闭后的屋顶可以保持室内的温度。每间面积为 16 平方米的纸木屋，造价仅为 2200 美元。与其他预制或集装箱类型的临时住所相比，不仅成本低，而且便于组装。另外，其他临时住所的问题是如何拆除，如何以低成本进行再次回收利用，以及如何对材料进行处理。而采用啤酒箱套和纸管建造的纸木屋很好地解决了这些问题。

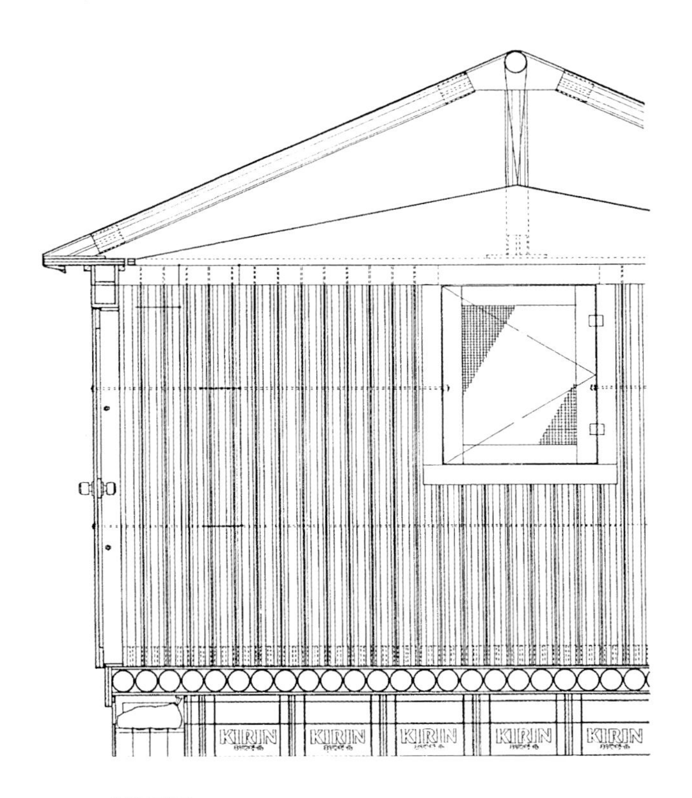

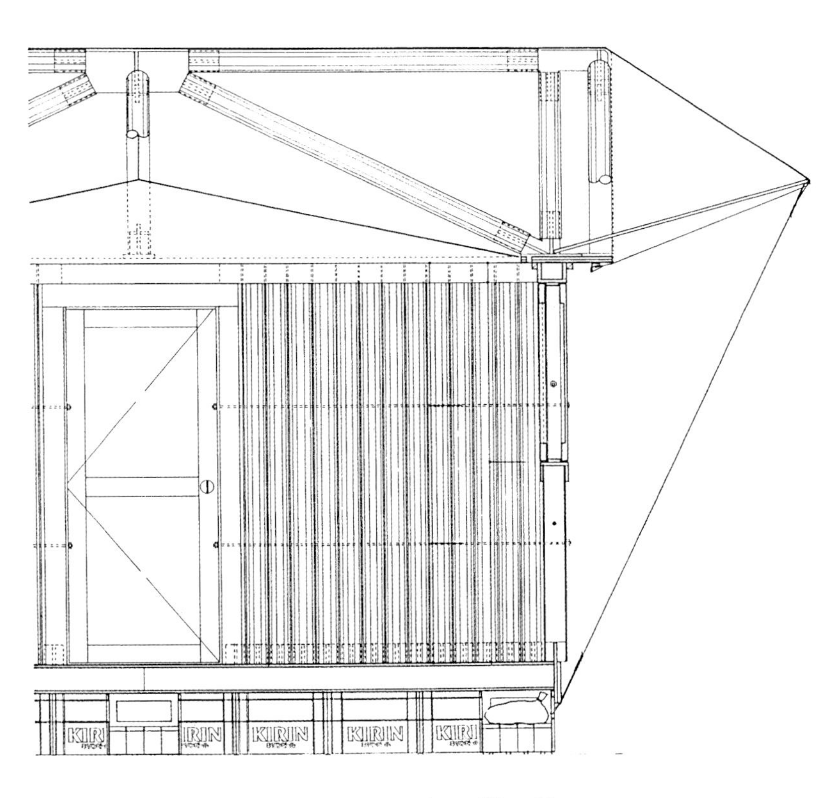

截面图

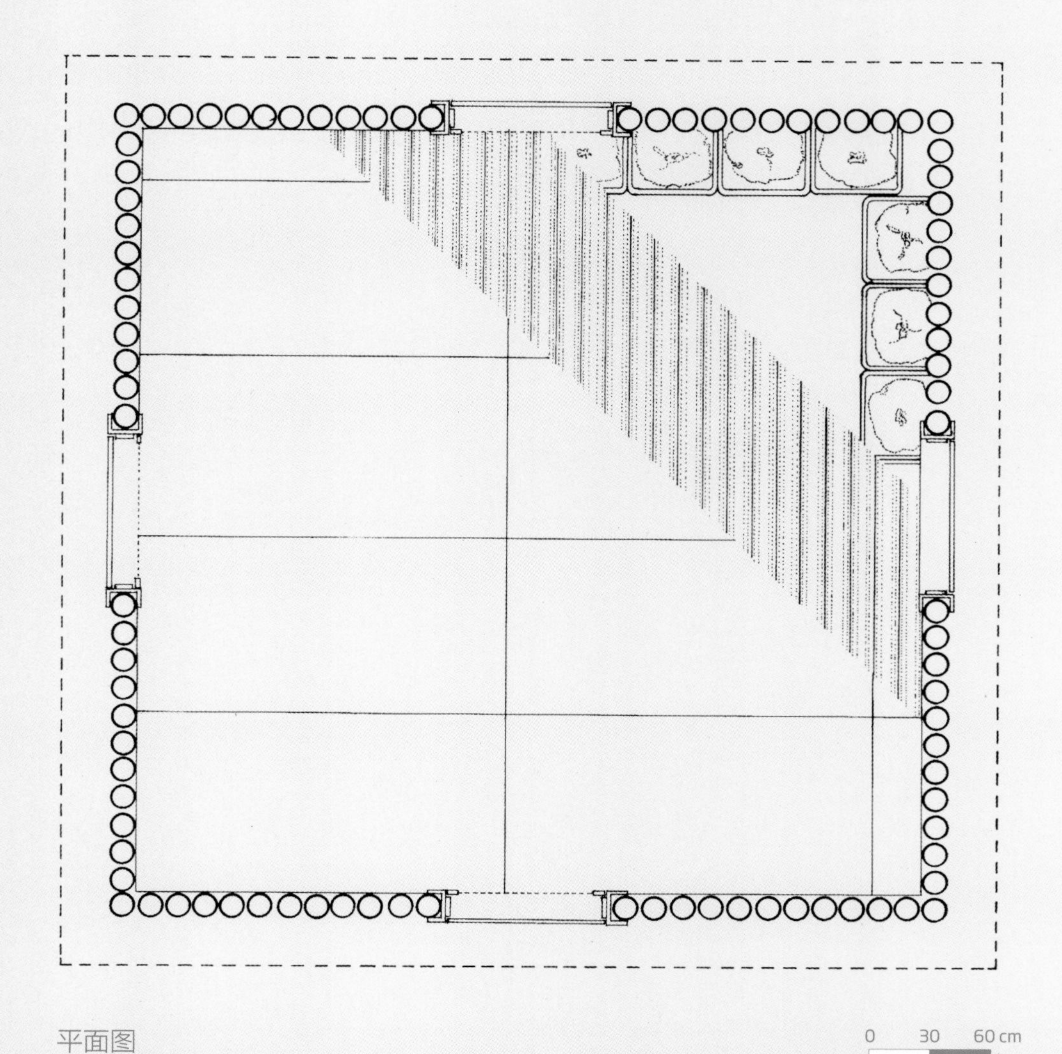

平面图

这些纸屋的建筑面积与联合国难民署在非洲建造的基本避难所相同，但是纸管却具有保暖的特性。这种纸屋的开发原型适合很多的国家，而不仅仅局限于气候温暖的国家。在神户，很多家庭拥有多个孩子，因此还规划了每户两个居住单元的纸屋。每个单元之间的距离仅有 2 米，因此，当屋顶连接起来的时候，彼此分离的单元就可以通过公共空间连通在一起。

土耳其的纸木屋

地点: 土耳其伊兹米特 **时间:** 2000年

1999 年 8 月，土耳其西部的伊兹米特发生了地震，截至 9 月底，已经有 15000 人在地震中丧生，20000 多人失踪。志愿建筑师网络组织在震后立即开始提供应急避难场所作为最初的应急措施，并借鉴了 1995 年神户大地震中得来的经验。在神户的大地震后，一些灾民最初居住在设在学校和公共大厅内的庇护所内，但是一些人不得不在倒塌的住宅附近搭建帐篷居住。大多数的帐篷是用聚乙烯板材制作的，由于这种材料缺乏耐用性，所以出现了供应短缺的问题。于是坂茂决定使用很多日本建筑公司常用的 PVC 板材，其耐用性远远超过聚乙烯板材。

土耳其的纸木屋也是以神户的原型为基础进行的设计。神户的纸屋是长度为 4 米的正方形平面布局，而土耳其的纸屋却采用了 6 米长、3 米宽的布局，这是因为当地的家庭规模更大，以及土耳其胶合板的标准尺寸决定的。纸管中还填入了废纸作为绝缘隔热材料，地面和天花板也采取了绝缘隔热措施。在神户的纸屋中，作为墙壁的纸管之间填充了海绵胶带作为绝缘隔热材料。这次在土耳其，由于缺乏足够的绝缘材料，就采用了纸板和其他的板材来增强绝缘隔热的效果。

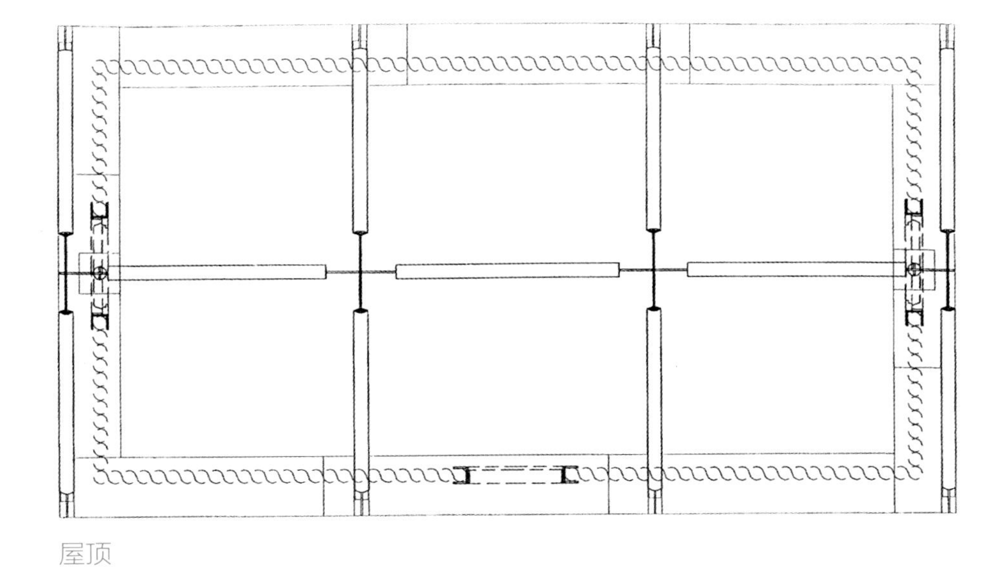

屋顶

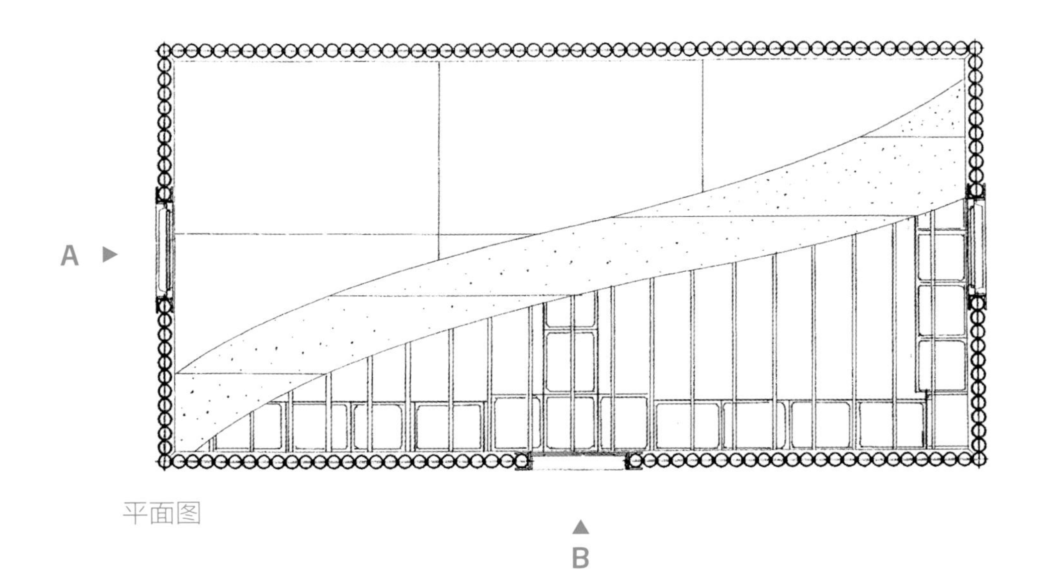

平面图

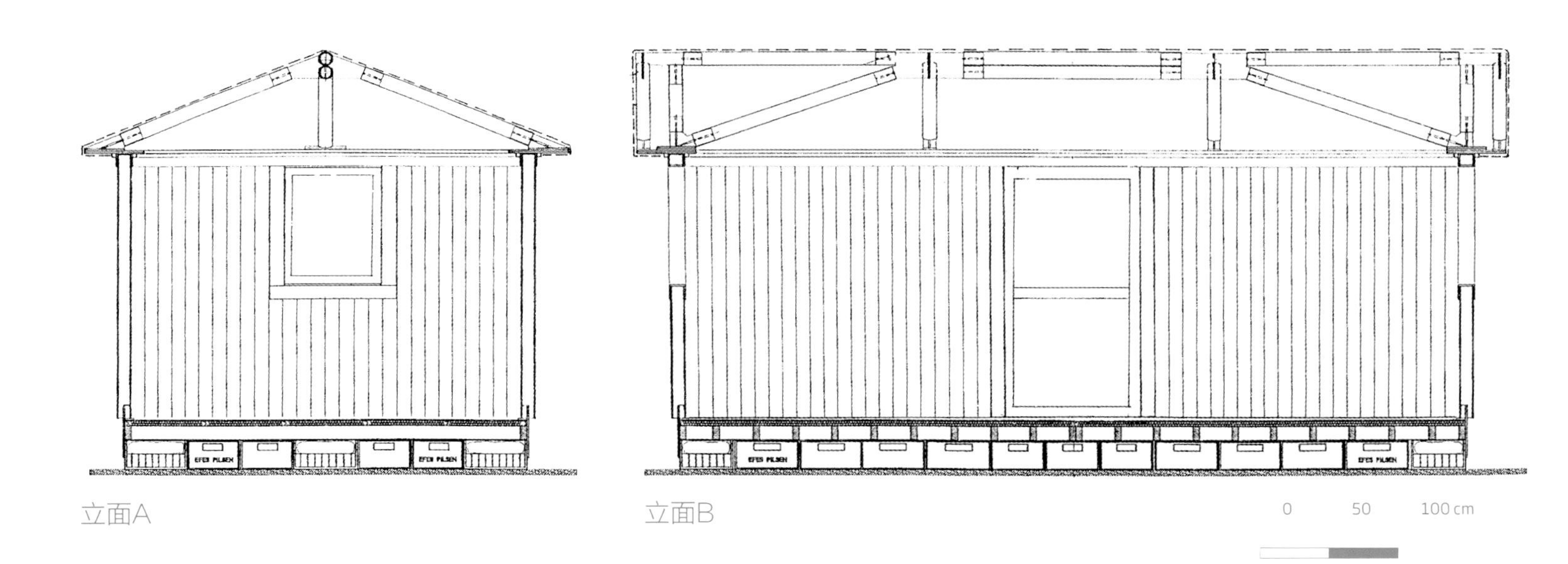

立面A

立面B

从零件组装的角度看，坂茂设计的神户纸屋具有最简单的结构，其简化程度达到了极致。由于年轻的建筑师们对该地区缺乏了解，所以尽量减少了建设需要的零部件和固定器件数量，并尝试了对每一间纸屋进行改进。到 1999 年 12 月，一共建成了 17 座纸屋供人们入住。

这种纸木屋任何人都可以进行组装，随后还可以回收利用这些纸管和啤酒箱套，从而避免了浪费。虽然它们最终将被拆除，但是那些建造它们和居住在其中的人们会永远记住这些纸屋。

印度的纸木屋

地点: 印度古吉拉特邦普杰 **时间:** 2001年 **建筑面积(每间房屋):** 15平方米
结构: 纸管、碎石混凝土、竹子、塑料防水帆布

作为坂茂在受灾地区实施的一系列纸木屋项目之一，该项目是在2001年印度古吉拉特邦大地震后建立的，这次地震使20000多人丧生，大约600万人无家可归。这些临时居所位于普杰市，坂茂利用纸管建造了3米×5米的墙壁结构。不过，他在寻找适合的基础材料和屋顶的建造过程中遇到了困难。在土耳其和神户的纸木屋中，塑料货箱已经成功地得到了运用，但是这些材料在普杰却难以得到。最终，只好将附近倒塌建筑产生的碎石瓦砾作为基础材料，并使用传统的泥浆层将这些碎石基层覆盖。

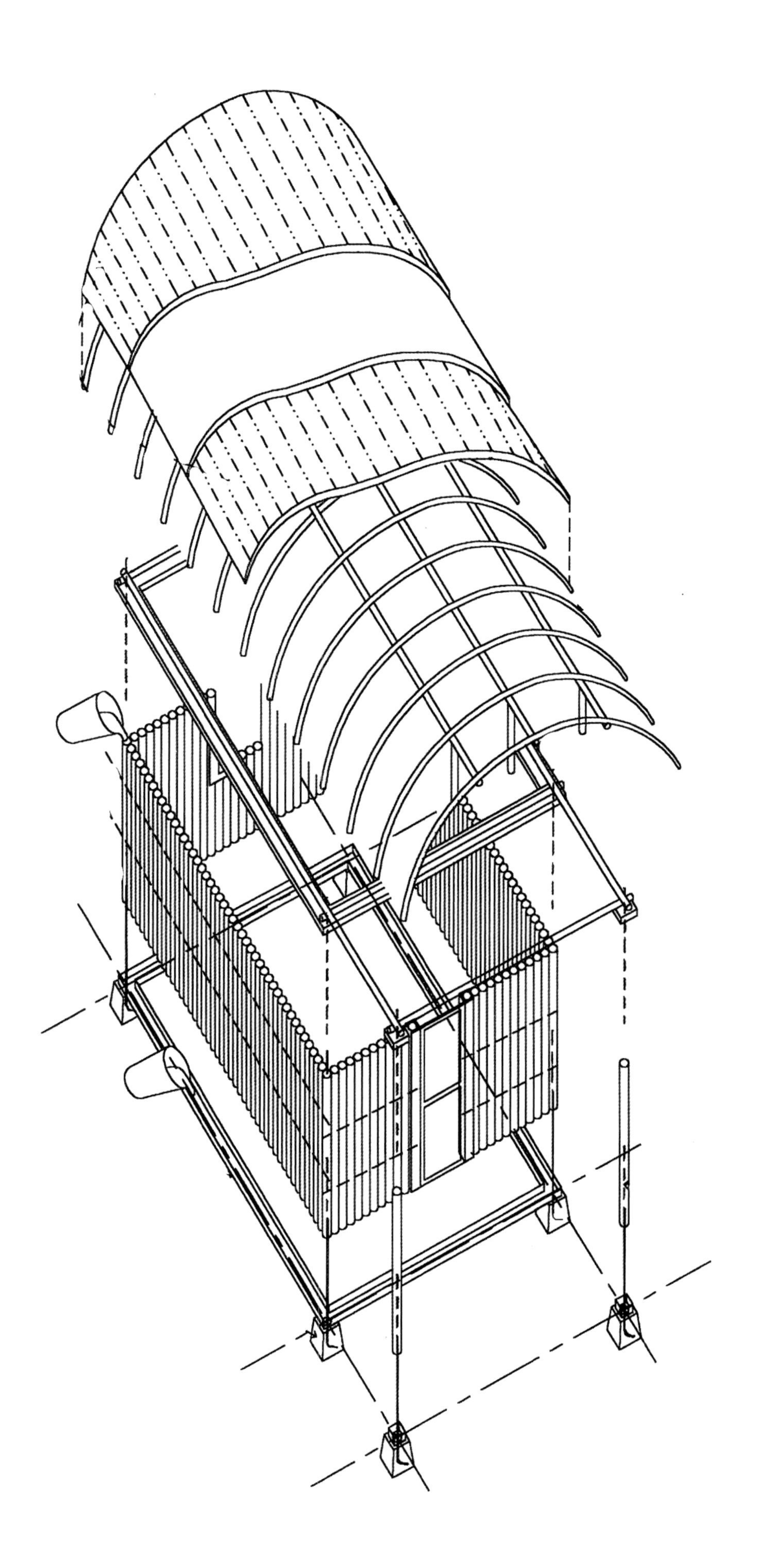

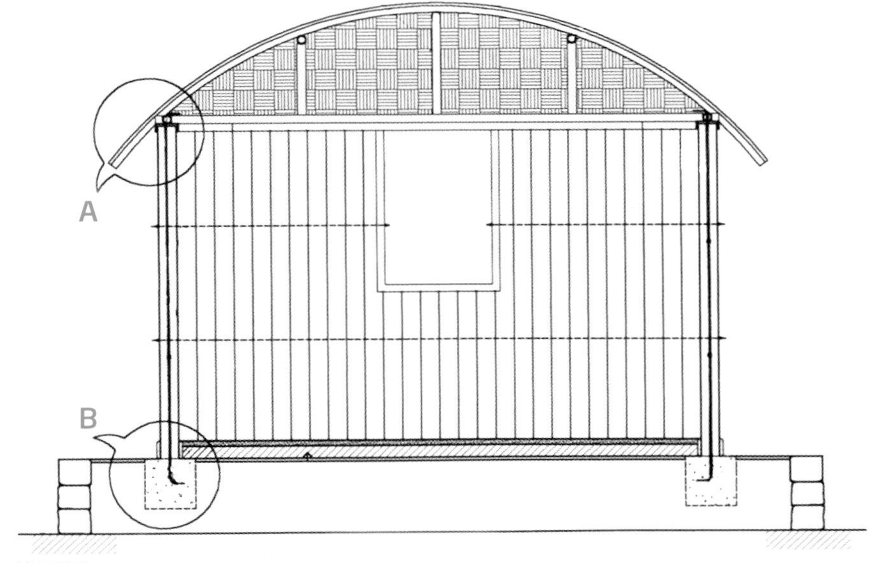

截面图

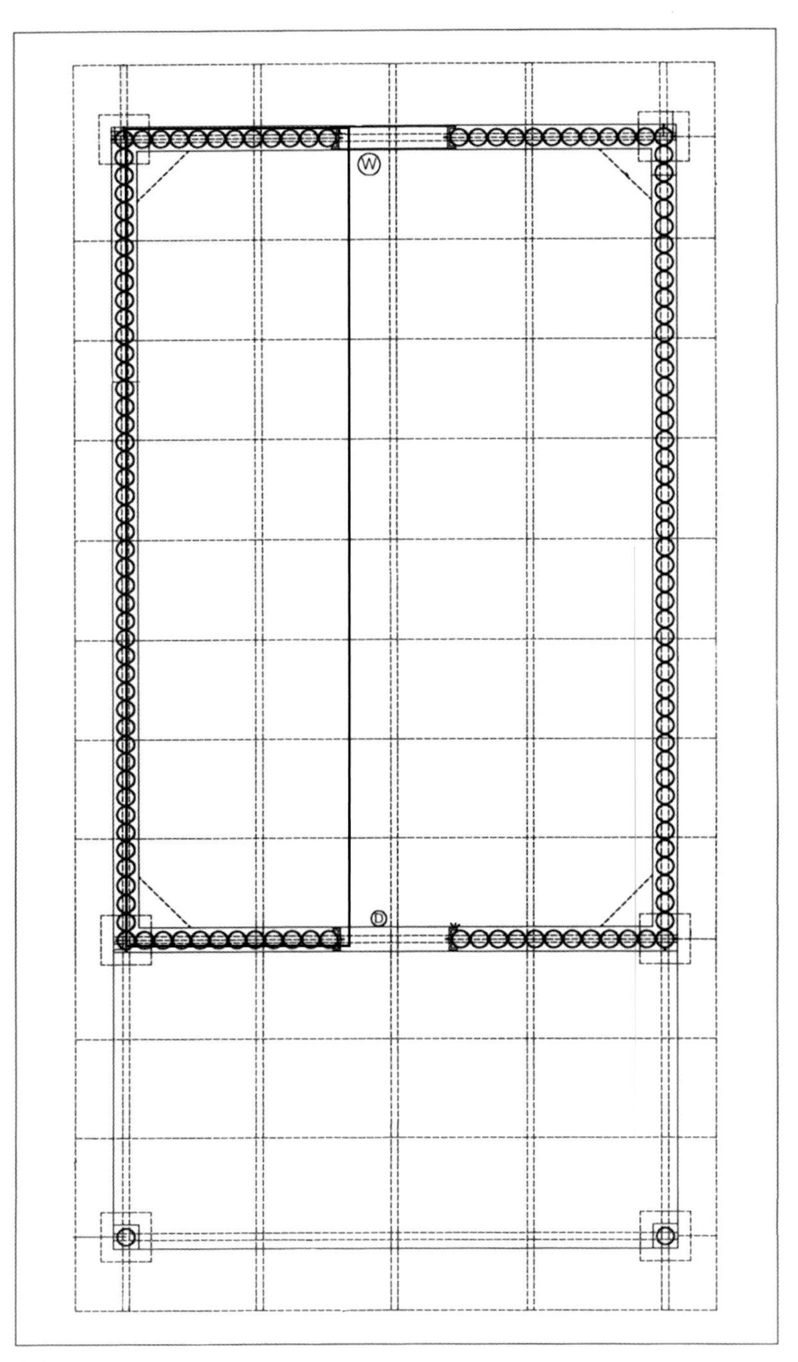

平面图

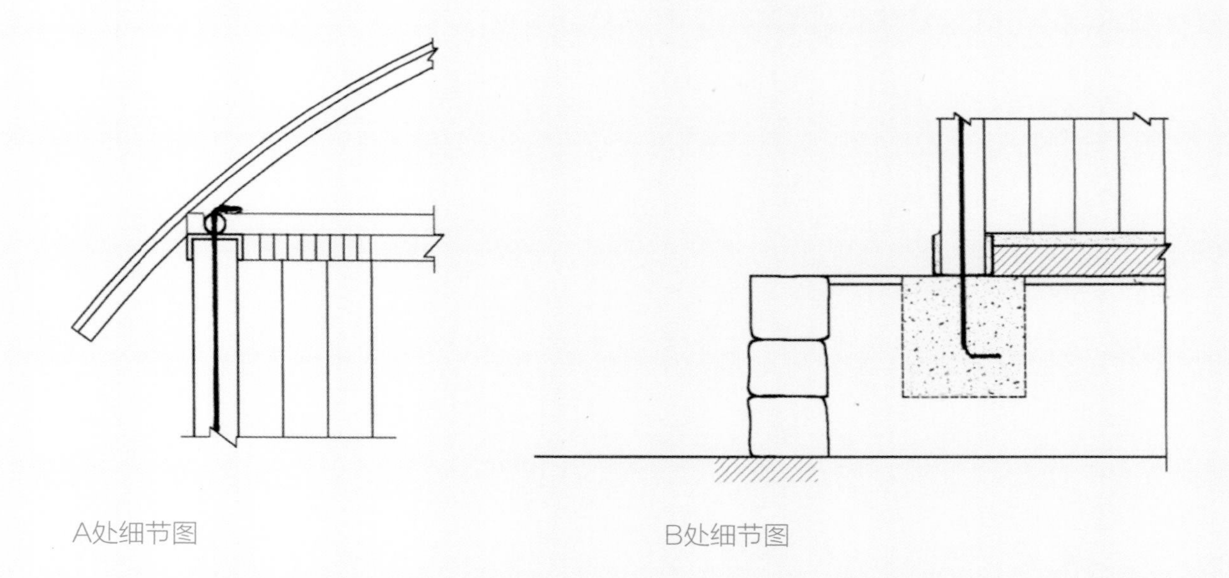

A处细节图　　　　B处细节图

屋顶的横梁是采用整根竹子制作而成的，并使用竹片制作了拱顶的肋架。在这些竹片制成的肋架上面，覆盖了一层当地的藤编凉席，然后是一层透明的塑料防水布，最后又在最上部覆盖了一层藤编凉席，这样便可以在各种天气条件下起到防护的作用。房屋两端的山墙结构也是用凉席制成的，上面的小孔可以使空气形成对流，从而实现通风的功能。这样的通风条件还允许人们在屋内生火做饭，进而实现了驱除蚊虫的额外功能。这些极具创新的纸木屋为震后的普杰人民提供了急需的救灾措施。

菲律宾的纸木屋

地点: 菲律宾宿务达安班塔延 **时间:** 2014年

这个临时避难居所是在 2013 年 11 月的台风“海燕”对达安班塔延造成大破坏之后修建的，是坂茂为受灾地区提供救济而设计的一系列纸木屋项目之一。与之前在日本、土耳其和印度建造的纸木屋相比，这一次采用的建造方法更为简单。在设计中，建筑师们结合运用了“纸制分区系统”的连接技术，这一技术是为疏散中心的分区隔离而开发的。这种系统使结构的简化成为可能，从而缩短了施工时间。纸屋的基础部分采用了填满沙袋的塑料箱套，地面上铺设了用椰木和胶合板制成的面板。在纸管构成的框架底层，铺盖了编织而成的竹席，而四壁也覆盖了预先编织的竹席。屋顶使用日本棕榈树叶铺盖在塑料布之上，看上去很像茅屋顶，使整个设计趋于自然完美。由于重点关注的是当地社区，建设工作是与宿务当地的圣卡洛斯大学的学生合作进行的，从而为遭受自然灾害袭击的灾民们提供了方便有效的低成本住所。

Coca-Cola
Coca-Cola
Coca-Cola
Coca-Cola

Coca-Cola

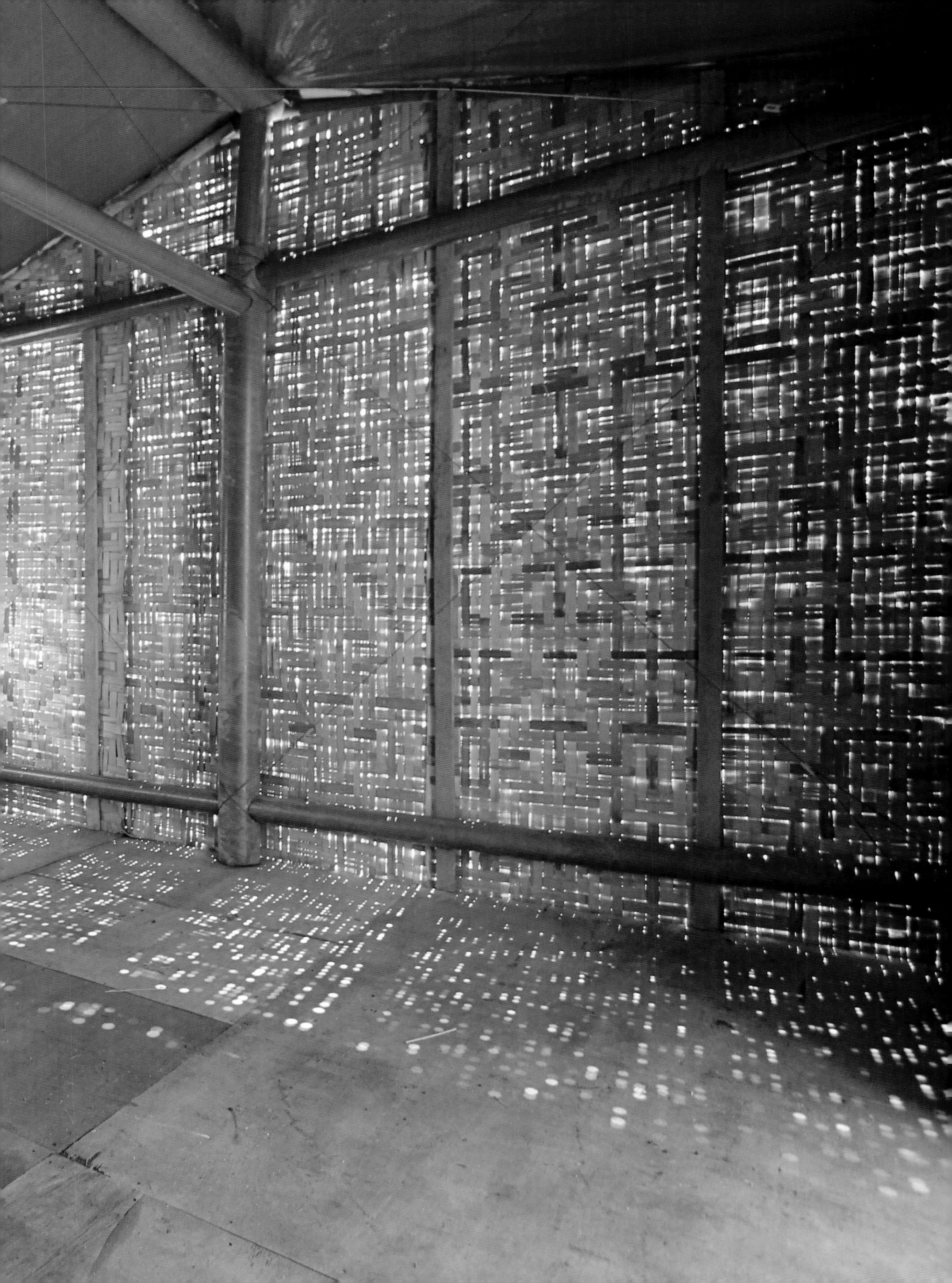

纸制的临时工作室

地点: 法国巴黎蓬皮杜中心的六层露台 **时间:** 2004年 **设计:** 东京坂茂建筑事务所(坂茂、石冈Keina、格兰特·铃木)、欧洲坂茂建筑事务所(让·德·加斯汀纳、艾尔莎·纽夫维尔)**结构:** 手冢实、RFR、让·勒·雷、尼科洛·巴尔达西尼、安德雷斯·普法德勒尔 **施工建设:** PTS Workshop (庆应大学, 坂茂实验室)、ESAG Penninghen(法国巴黎)、巴黎维莱特建筑学校(巴黎)、木工学院(巴黎)、比撒列艺术设计学院(耶路撒冷)、马赛工程学院建筑学校(法国)、基耶蒂-佩斯卡拉大学(意大利佩斯卡拉)**合作:** 太阳铁工股份有限公司 **家具:** 维特拉公司
主要用途: 办公室 **设计时间:** 2004年3—7月 **施工时间:** 2004年8—11月 **占地面积(露台):** 288平方米
建筑面积: 115平方米 **结构:** 纸管结构、木料、钢材、混凝土

梅斯的蓬皮杜中心是蓬皮杜中心设在法国南部城市梅斯的新设施。坂茂在赢得该项目的设计竞赛之后,曾经询问巴黎蓬皮杜中心的主任布鲁诺·拉辛,是否可以借用该中心的露台作为他的临时办公室。拉辛接受了这一请求,还要求坂茂的办公室必须能被普通的参观者看到,以便让他们了解梅斯的蓬皮杜中心是如何进行设计的。另外,当梅斯的蓬皮杜中心竣工后,坂茂必须将临时办公室捐赠给蓬皮杜中心。

对于坂茂来说,蓬皮杜中心有三个可以选择的场所进行临时办公室的建设:主广场内的一个角落、布朗库西工作室的花园和中心第六层的露台。坂茂最终选择了位于六层、与餐厅相邻的狭长露台,那里不仅具有良好的私密性,还享有观赏巴黎美景的视野。但是,他却低估了在这样一个安全要求极高的国家级纪念建筑上进行建设的难度,即使这只是一个临时性建筑。

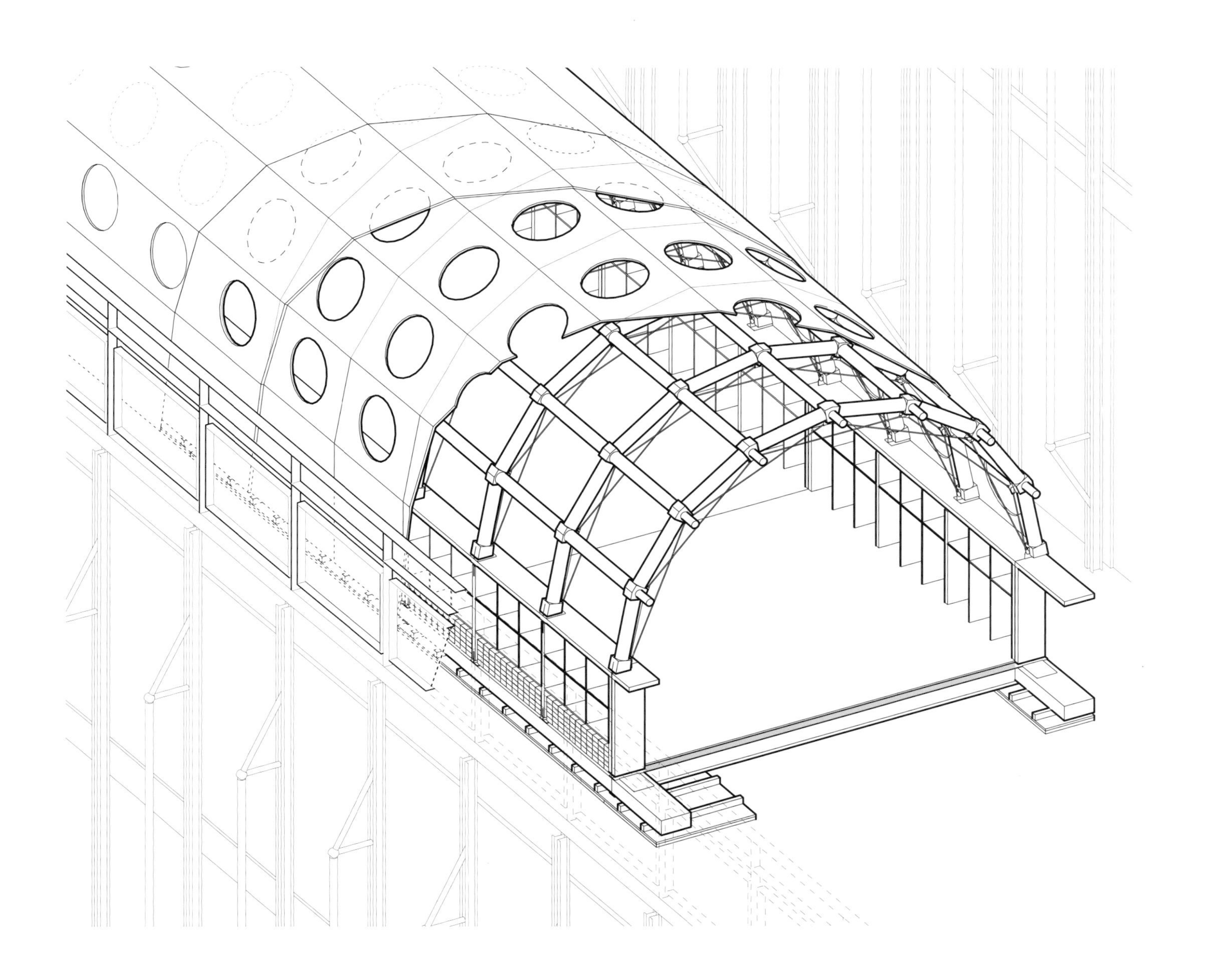

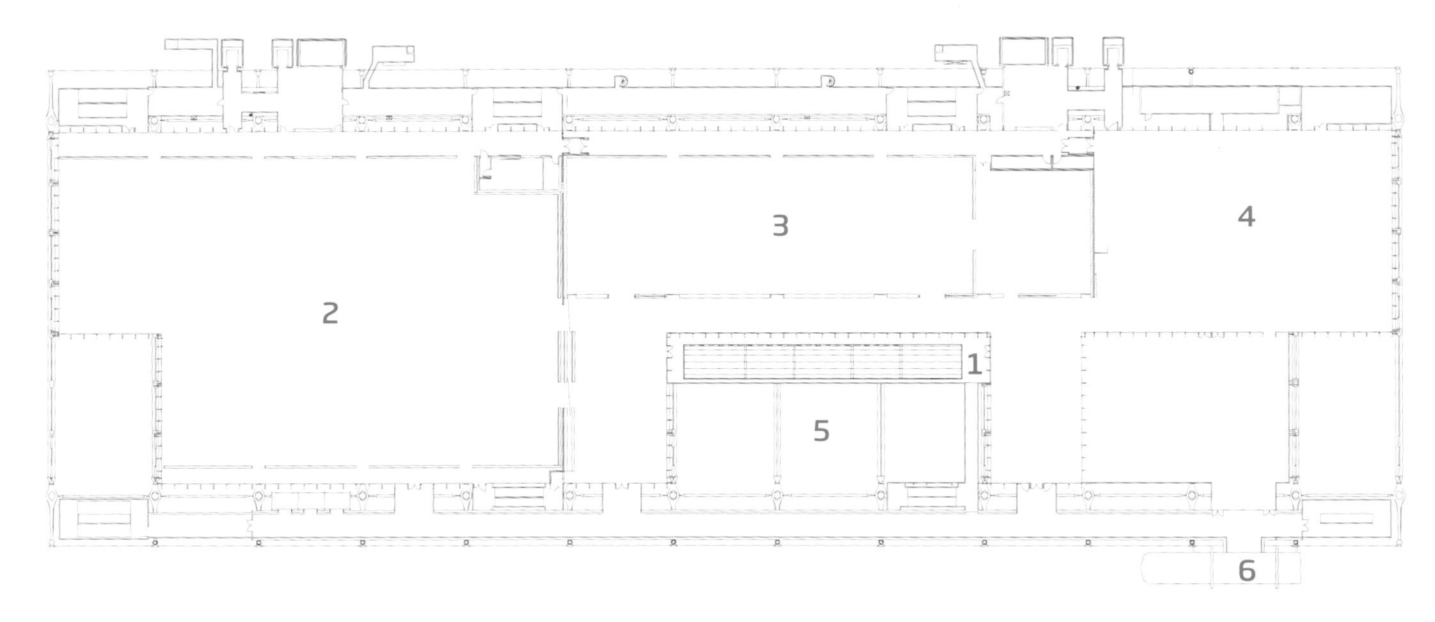

场地平面图

1. 礼堂
2. 展出空间
3. 展出空间
4. 餐厅
5. 空置区域
6. 自动扶梯

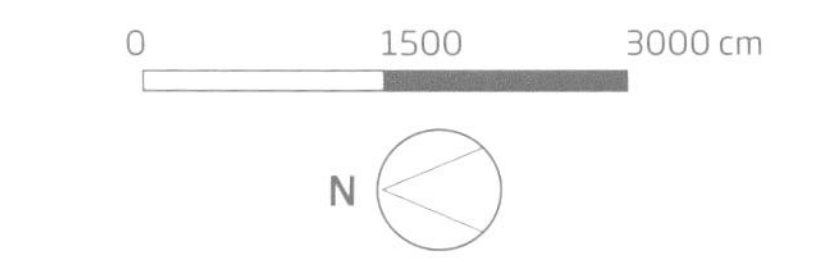

平面图

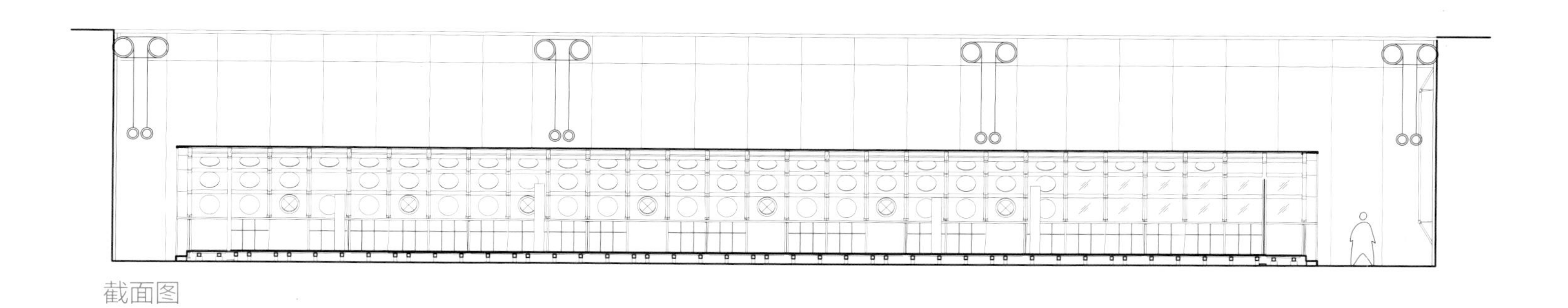

截面图

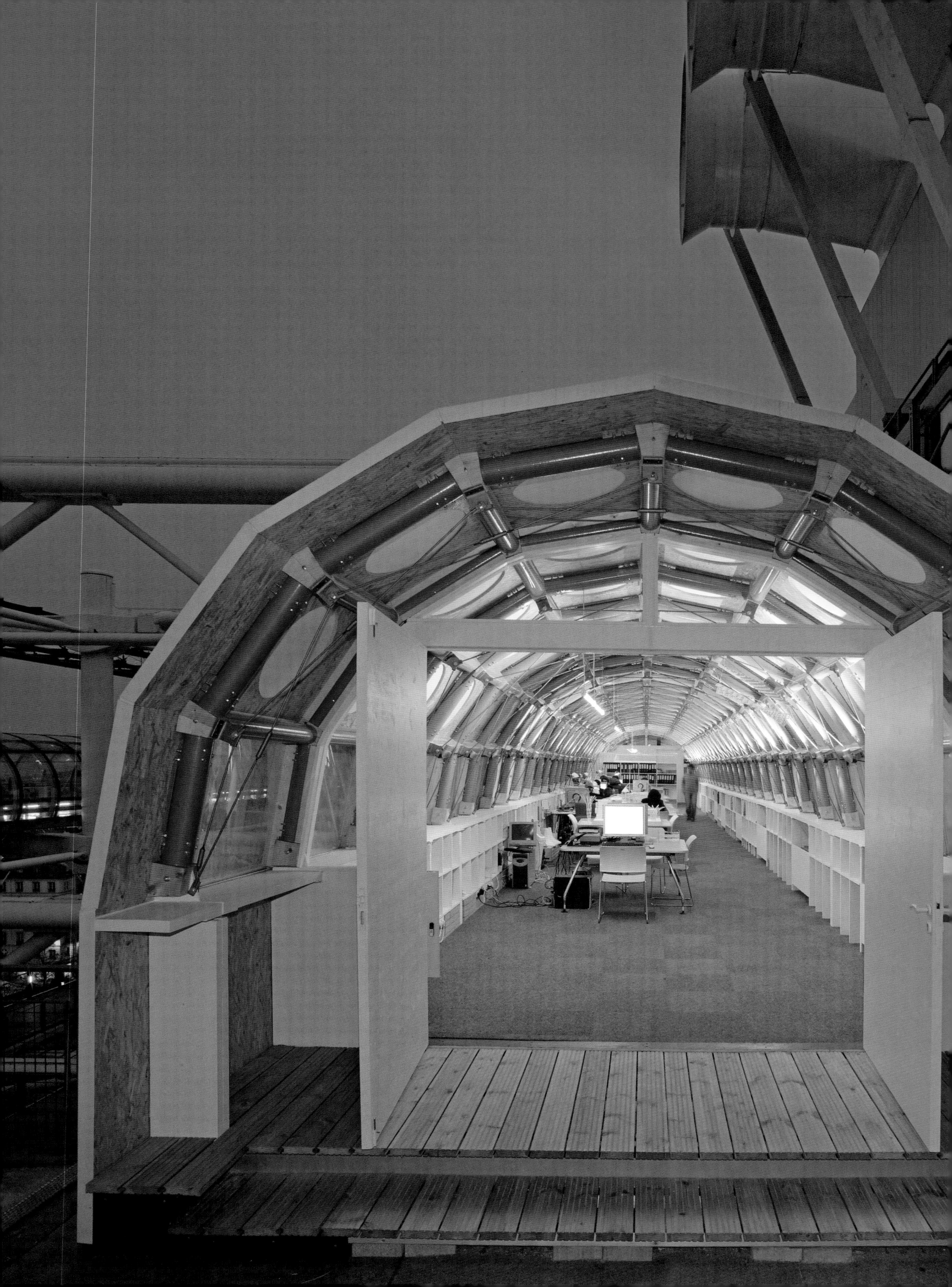

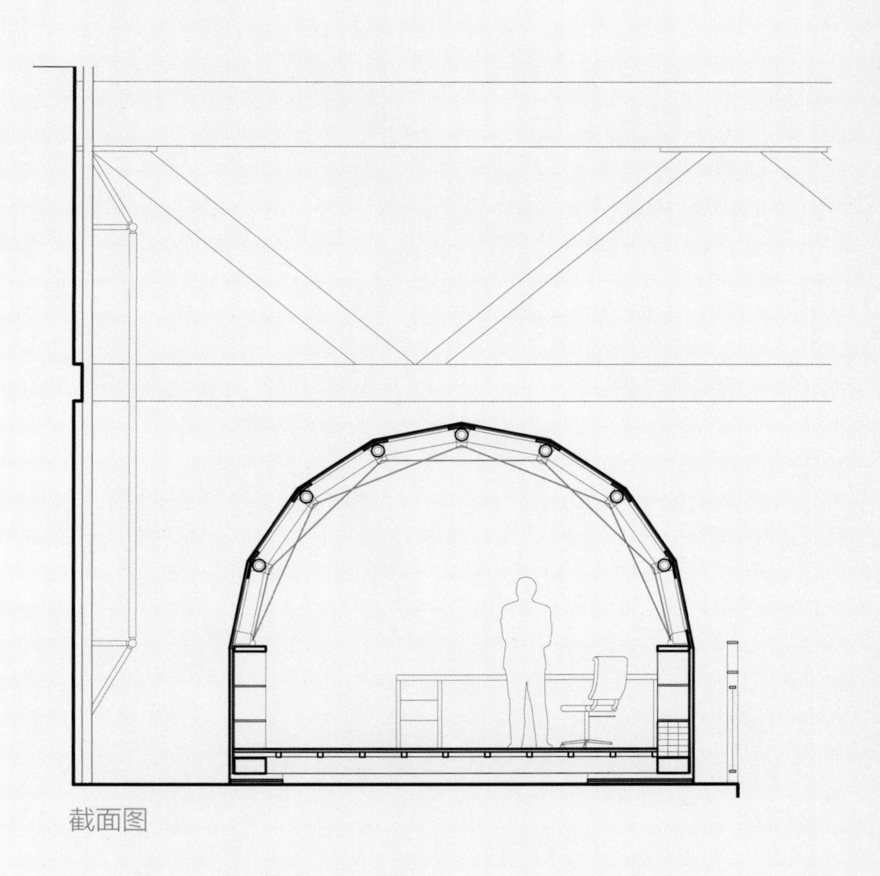

截面图

首先，坂茂拜访了伦佐·皮亚诺，在后者巴黎的办公室内展示了自己的设计图和效果图，以征得对方的同意。伦佐在 20 世纪 70 年代赢得蓬皮杜中心的设计竞赛之后，曾在塞纳河上停泊的一艘船上建立了自己的临时办公室。伦佐提出的建议认为，梅斯的蓬皮杜中心有两个客户（蓬皮杜中心和梅斯市），与其中的任何一个过于亲近（尤其是在蓬皮杜中心建立一个办公室）可能都会导致另一方产生抱怨，因此不在露台上建设也许是更好的选择。他的看法是正确的，梅斯市果然要求坂茂不要过多地被蓬皮杜中心的观点和意见所左右。不过，坂茂却无视这些建议，仍然继续建造了这个临时办公室。

OF CONTEMPORARY WORLD ARCHITECTURE

纸桥

地点: 法国尼姆加德桥 **时间:** 2007年 **项目团队:** 坂茂、让·德·加斯汀纳、艾尔莎·纽夫维尔、马克·费兰德、阿尔伯特·施鲁尔斯、莱昂纳德·德·拉姆、弗雷德里克·斯瓦兹
结构设计: Terrell 国际(法国)**总承包商:** Octatube公司(荷兰)**主要用途:** 步行天桥
设计时间: 2007年2—5月 **施工时间:** 2007年7月 **占地面积:** 160公顷 **建筑面积:** 45平方米
结构: 纸管、金属节点、木料、塑料、复合纸材料(次级结构);木料、钢箱(基础结构)

纸桥项目是为夏季设计的，其主题素材是建于古罗马时期的加德水道桥，该桥为尼姆市提供用水，并被联合国教科文组织列为世界遗产。

为了适应现场的条件，并保持原有桥梁结构的合理性，坂茂选择了拱桥的造型。两座桥的材料对比也十分鲜明：加德桥是用石头建造的，显得沉重、坚硬和经久耐用；而纸桥是采用纸管建造的，看上去更加轻盈、柔弱和不堪大用。同时，纸桥还模仿了加德桥的形式和几何造型，应用了与古桥弧度相同的桥拱结构。

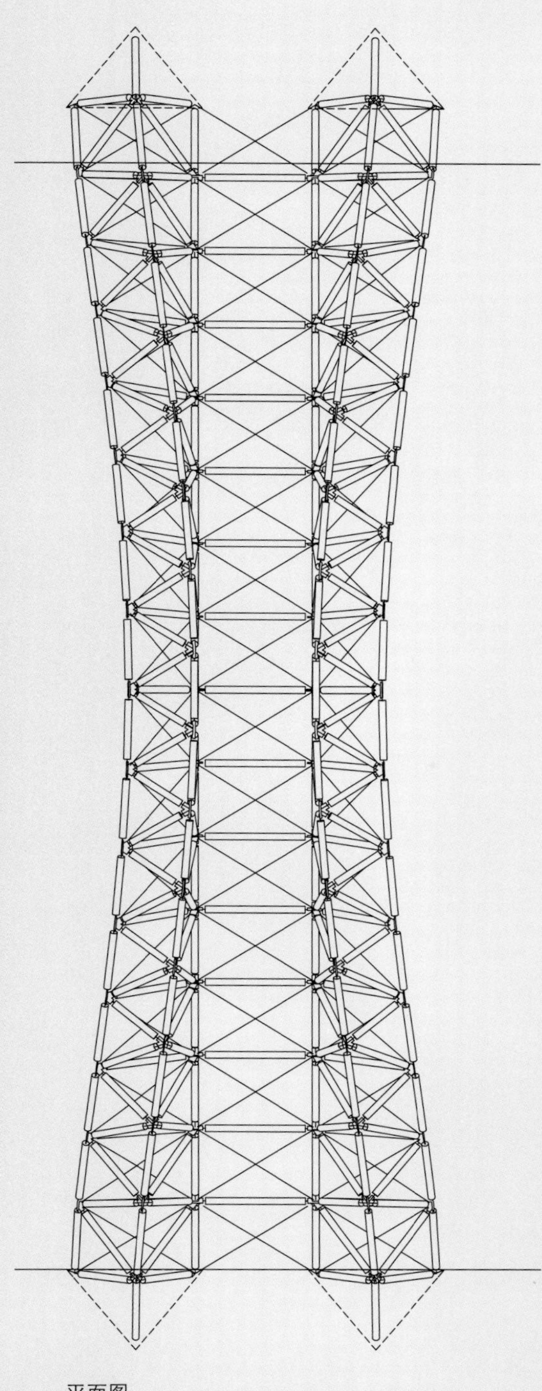

平面图

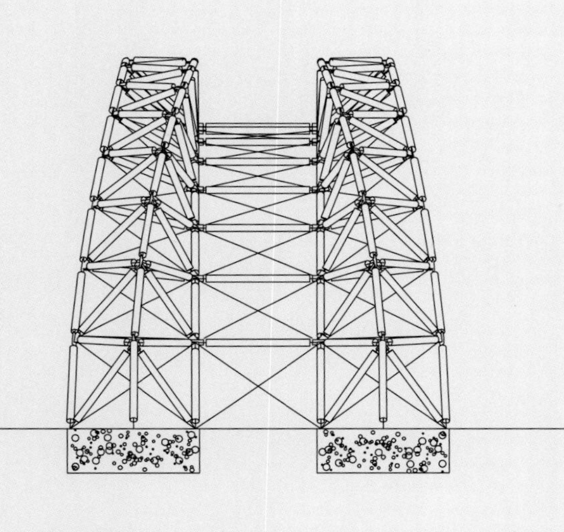

前视图

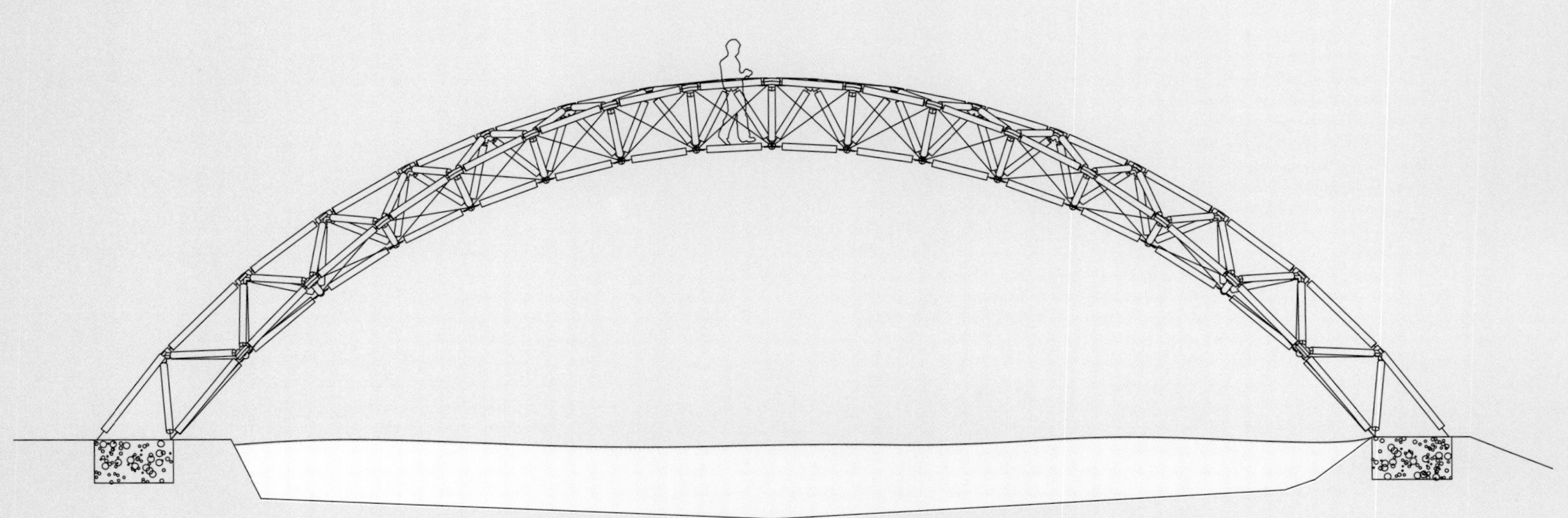

侧视图

华林小学临时校舍

地点: 中国四川成都 **时间: 2008年** **项目团队:** 庆应大学坂茂建筑事务所、松原弘典实验室、西南交通大学(成都) **结构工程师:** 手家实 **设计时间:** 2008年7月 **施工时间:** 2008年8—9月 **建筑面积:** 614平方米 **结构:** 纸管、木料

这是中日两国大学之间的一个合作项目，双方共同参与了设计，并运用纸管重建了毁于2008年四川大地震的小学校舍。尽管大部分的重建援助工作是建设临时的住所，但是坂茂建筑事务所却收到了成都市成华区教育局重建校舍的要求。这些校舍已经被正式确认无法使用，并作为被延后重建的教育设施的一部分被彻底封闭。于是，坂茂设计了采用纸管进行建造的临时校舍，这种纸管价格低廉、可以再次回收利用，并可以方便地就地取材。在暑假期间，大约有120名志愿者共同参与了建设工作，其中包括30名在日本庆应大学学习建筑的学生，50名来自成都西南交通大学的学生。在合作过程中，双方加深了对彼此文化的了解。

健康的性格收获美丽人生

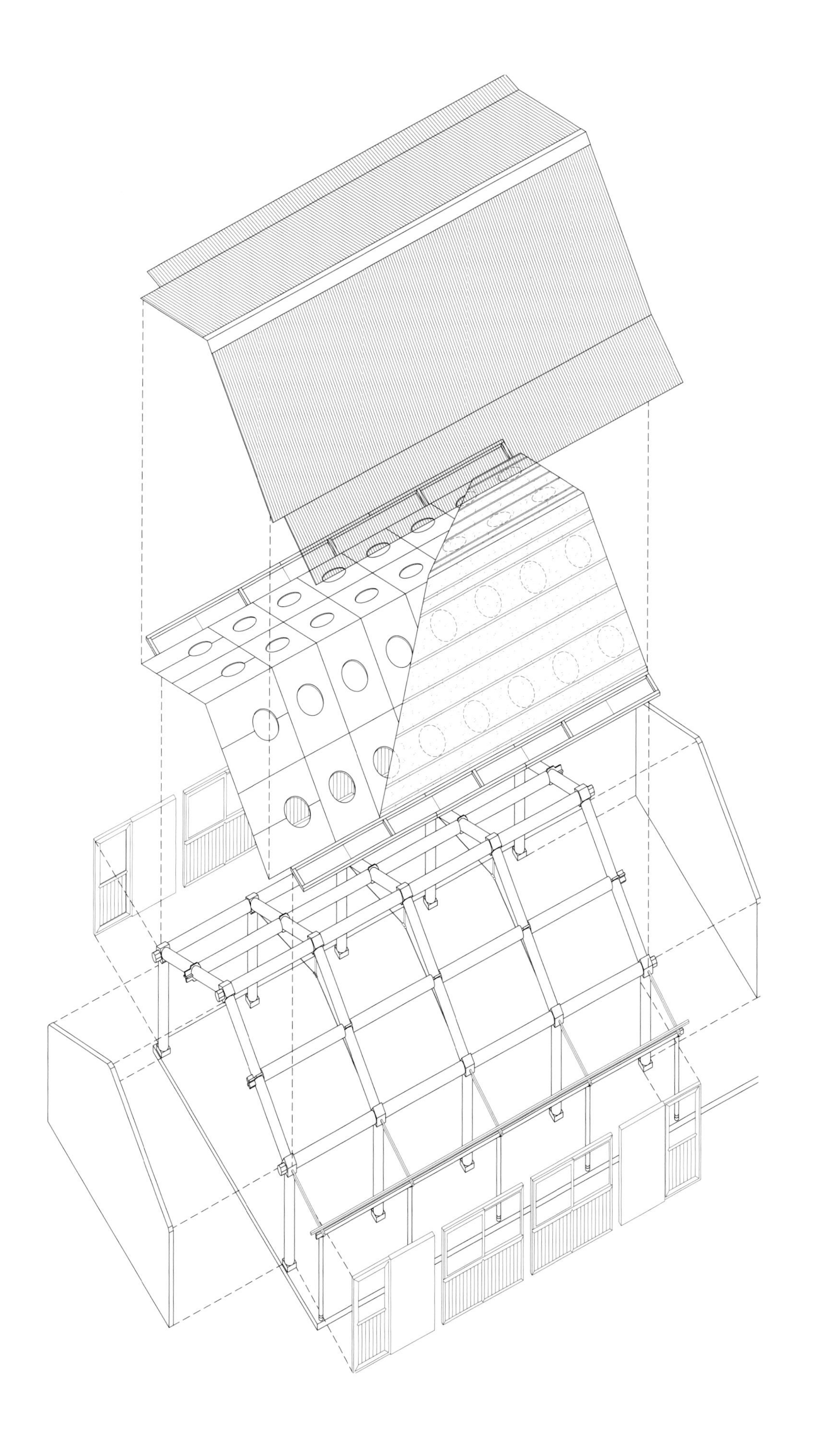

感恩

心
我们

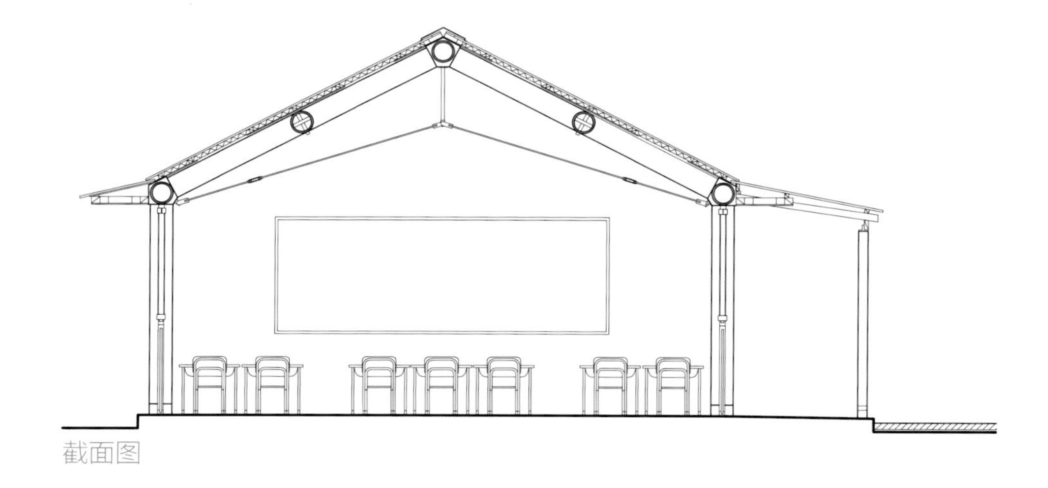

截面图

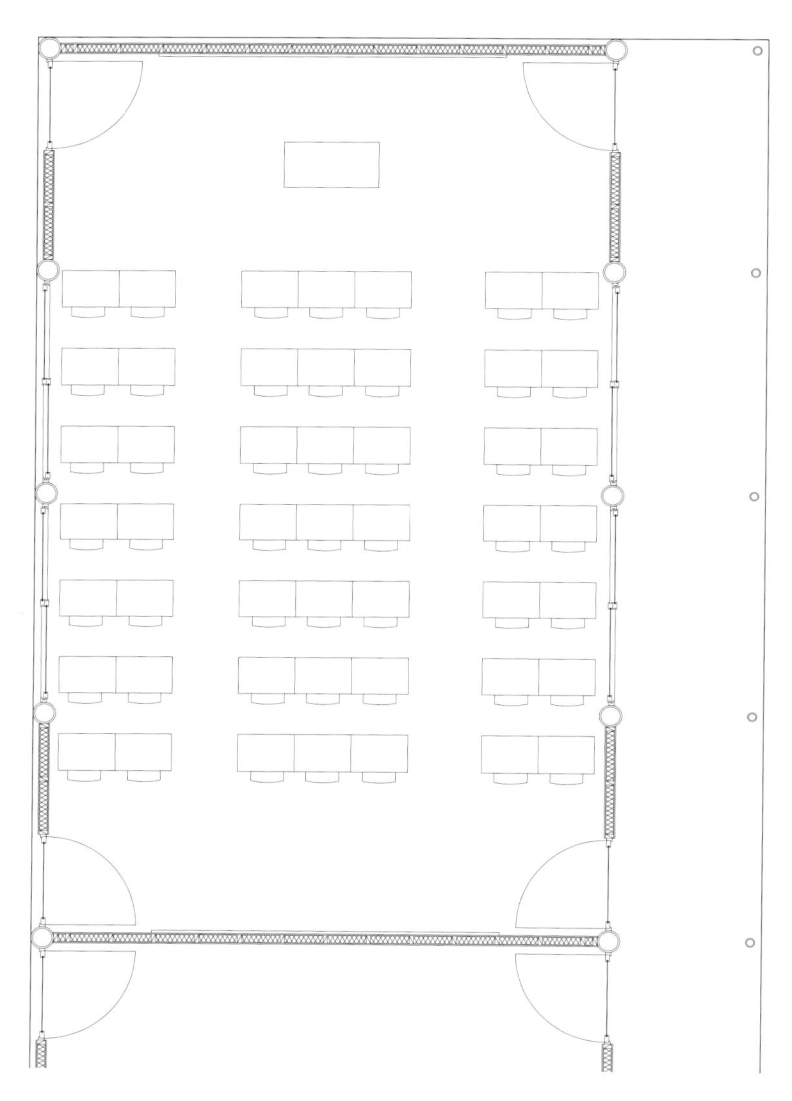

平面图

建筑师们制订的建设方法和方案十分简单，非常适合这些技术并不熟练的志愿者。通过合理恰当的施工管理，3 座校舍（包括 9 间教室）在 40 天的时间内就完成了建造工作。这些校舍是中国第一批纸管结构建筑，也是地震灾区首批重建的校舍。在重建过程中，一家中国的非政府机构——环境再生组织，为建设募集了资金；上海的一家纸品公司提供了价格优惠的材料，此外，当地的很多教师也参加了建设工作。整个建设工作始于 2008 年 8 月 8 日，也就是北京奥运会开幕的日子。项目的建设为两国的大学生提供了互相学习经验的机会，也为 800 名小学生提供了最为急需的帮助，他们在震后一直只能被迫去往很远的学校上课。同年 9 月，这所临时学校正式移交给成都华林小学，为那些在震前就已入学的小学生创造了继续学习的条件。

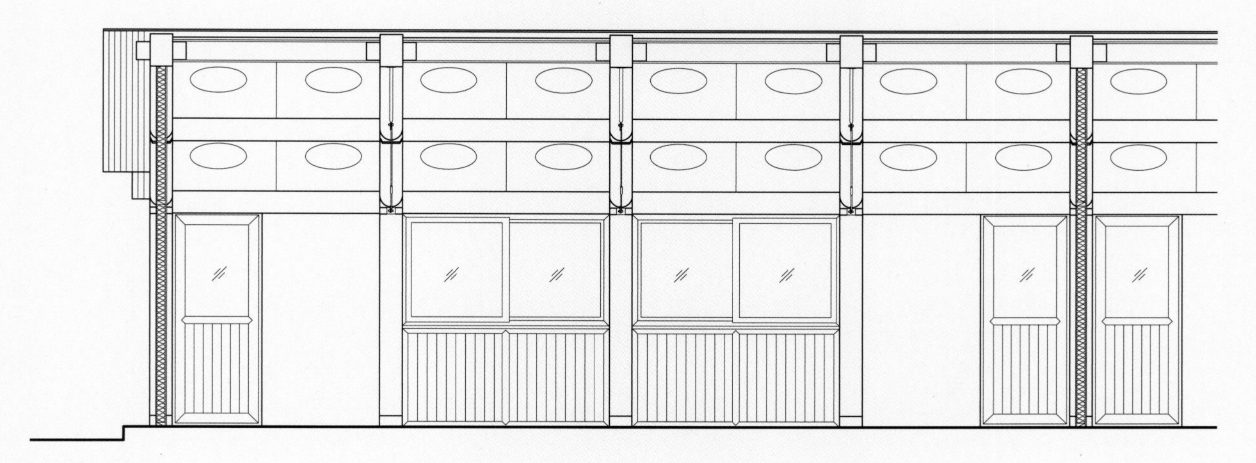

截面图

拉奎拉的纸音乐厅

地点: 意大利拉奎拉 **时间:** 2011年 **项目团队:** 坂茂建筑事务所和志愿建筑师网络: 坂茂、平贺信孝、Keina 石冈,坂茂 **欧洲事务所:** 坂茂、亚纱美一宏、石川贵之、亚历桑德罗·M. 博德里尼 **当地建筑师:** 阿尔多·贝内德蒂、保罗·G. 拉瓦、米歇尔·阿莫罗索、里纳尔多·赛米诺 **结构顾问:** 手冢实、Servizi di Ingegneria工程服务公司 **总承包商:** CME Consorzio Imprenditori Edili公司、Edilizia Montelaghi Valter公司 **机械顾问:** Tecno Tre公司 **占地面积:** 3000平方米 **建筑面积:** 702平方米

2009 年 4 月 6 日凌晨 3 点,位于罗马东北方向 100 公里的拉奎拉发生了里氏 6.3 级地震。

老城区的建筑遭到了最严重的破坏。幸运的是,地震发生在夜晚,大多数人没有在大学里上课,也没有在办公室内或者在街上闲逛。尽管如此,仍然有 300 多人在地震中丧生。

虽然老城区几乎被完全摧毁,但是由于余震不断,这里仍然十分危险。因此,消防队封锁了城市,幸存者只能在帐篷中避难。拉奎拉市大约拥有 74000 人口,其中 30% 是大学生,他们来自拉奎拉大学和音乐学院,以及这些学校的附属机构。由于音乐学院的校舍被彻底摧毁,供学校和拉奎拉交响乐团使用的音乐厅(老教堂改造而成)也在地震中倒塌,所以,重新开课和主办音乐会的前景十分悲观。

AUDITORIUM DEL
CONSERVATORIO
DI L'AQUILA

于是，坂茂建筑事务所提出了一个临时音乐厅的方案。与他在世界各地通过灾后志愿者活动建设的临时建筑一样，坂茂领导了这一项目的实施，并得到了拉奎拉大学建筑和工程专业的教授与学生的帮助。坂茂将一个尚未投入使用的电车站选作建设场地，因为可以利用这里现存的大跨度钢结构屋顶框架，并采用可回收利用的纸管创建大厅的墙壁，这些纸管是在拉奎拉郊外的一座工厂制造的。

这个临时音乐大厅的面积为 3000 平方米，其中还包括一些音乐学院的教室。项目团队从全世界范围内募集到了建设所需的资金。

自从竣工之后，这个临时音乐大厅已经多次被大学用来举办讲座和研讨会，以及其他各类公共活动。人们希望这座音乐厅可以吸引来自世界各地的音乐家，用音乐来抚慰地震受害者的创伤。

纸制分区系统4

地点: 日本东北部 **时间:** 2011年 **材料:** 纸管、布料

2011 年 3 月的大地震和海啸发生后，被疏散的难民们很快便进入诸如体育馆这样的疏散设施中进行避难。在临时性住所完成部署之前，他们只能在这种条件下居住一段不确定的时期。这种缺乏私密性的高密度居住环境令他们十分痛苦，对身心健康产生了巨大的危害。于是，坂茂建筑事务所运用纸管和布帘制作了简单的隔离分区系统，为这里居住的家庭提供了急需的私密空间。他们还通过来自世界各地的募捐获得了赈灾所需的资金。

纸制分区系统十分简单并具有很强的灵活性。整个框架全部由互相锁定的纸管制作而成，不仅十分牢固，还便于安装和拆卸。这些材料被订购后，只需大约一周的时间就可以直接运送到每一个需要隔离分区的设施和场地。

ISUZU

SKYLOVE

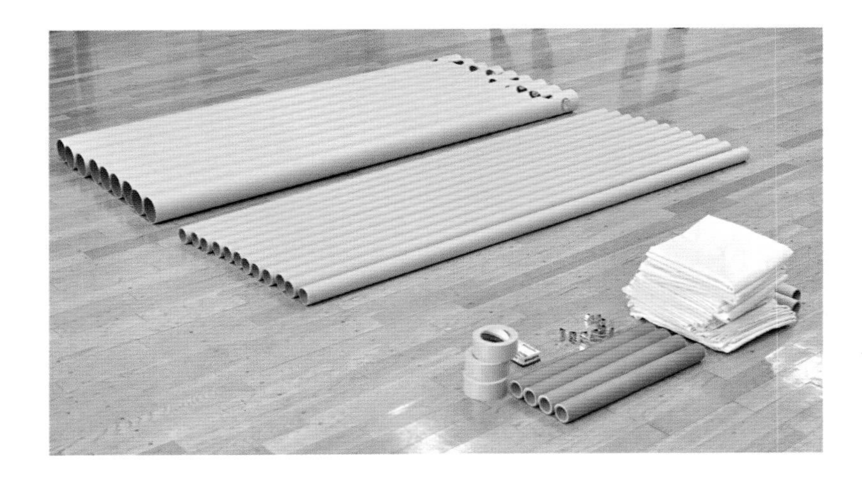

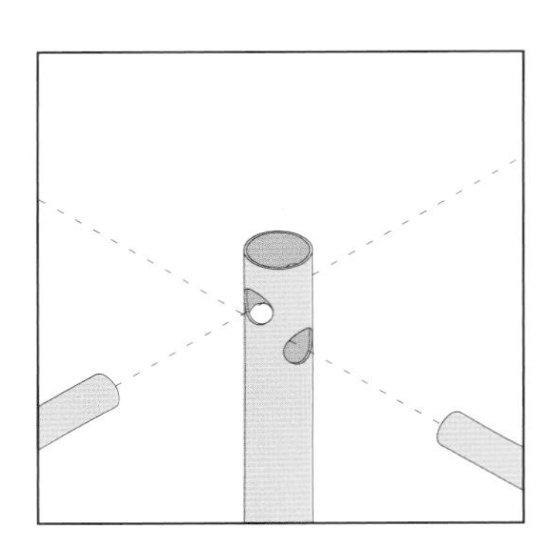

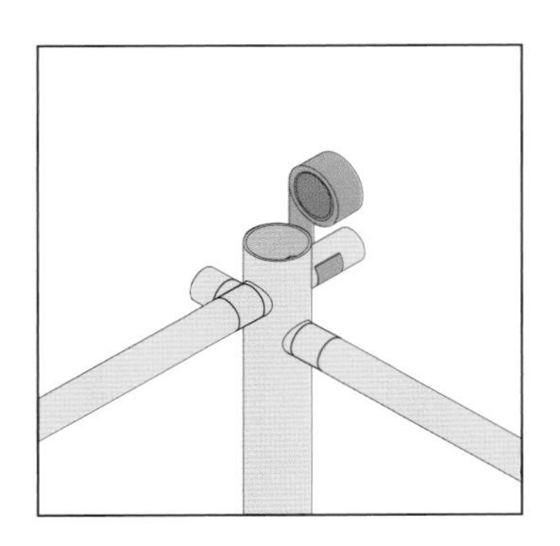

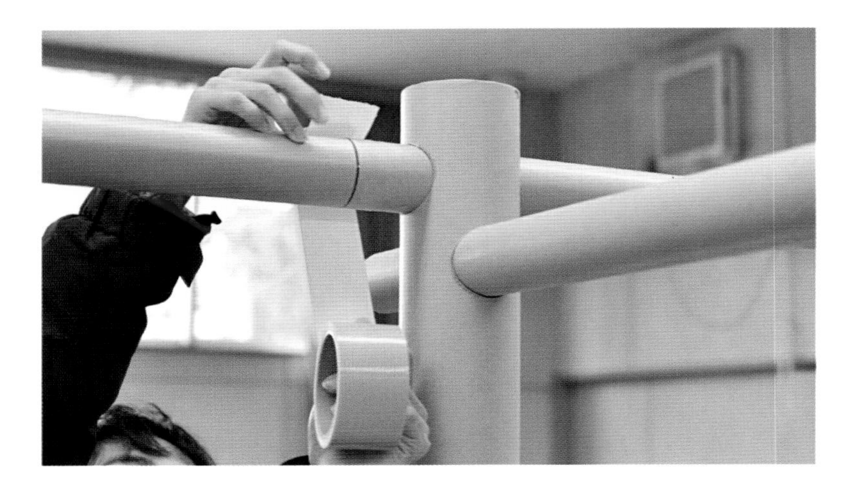

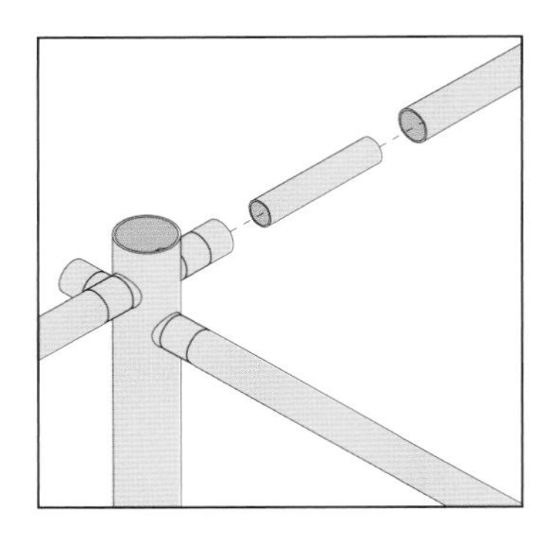

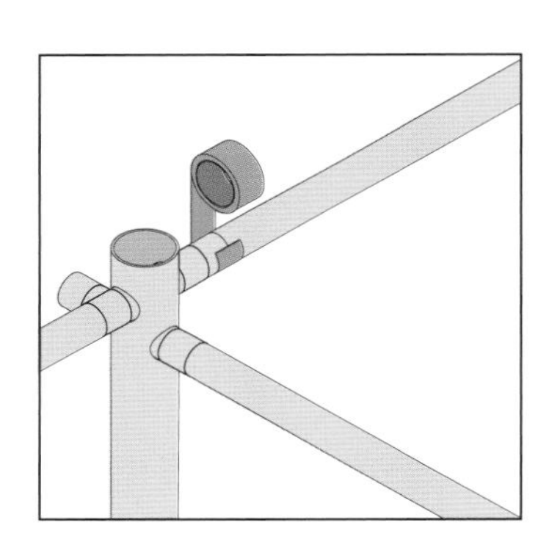

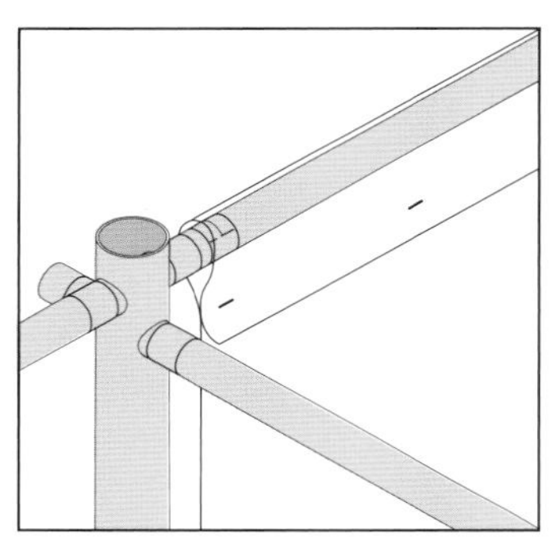

细节图

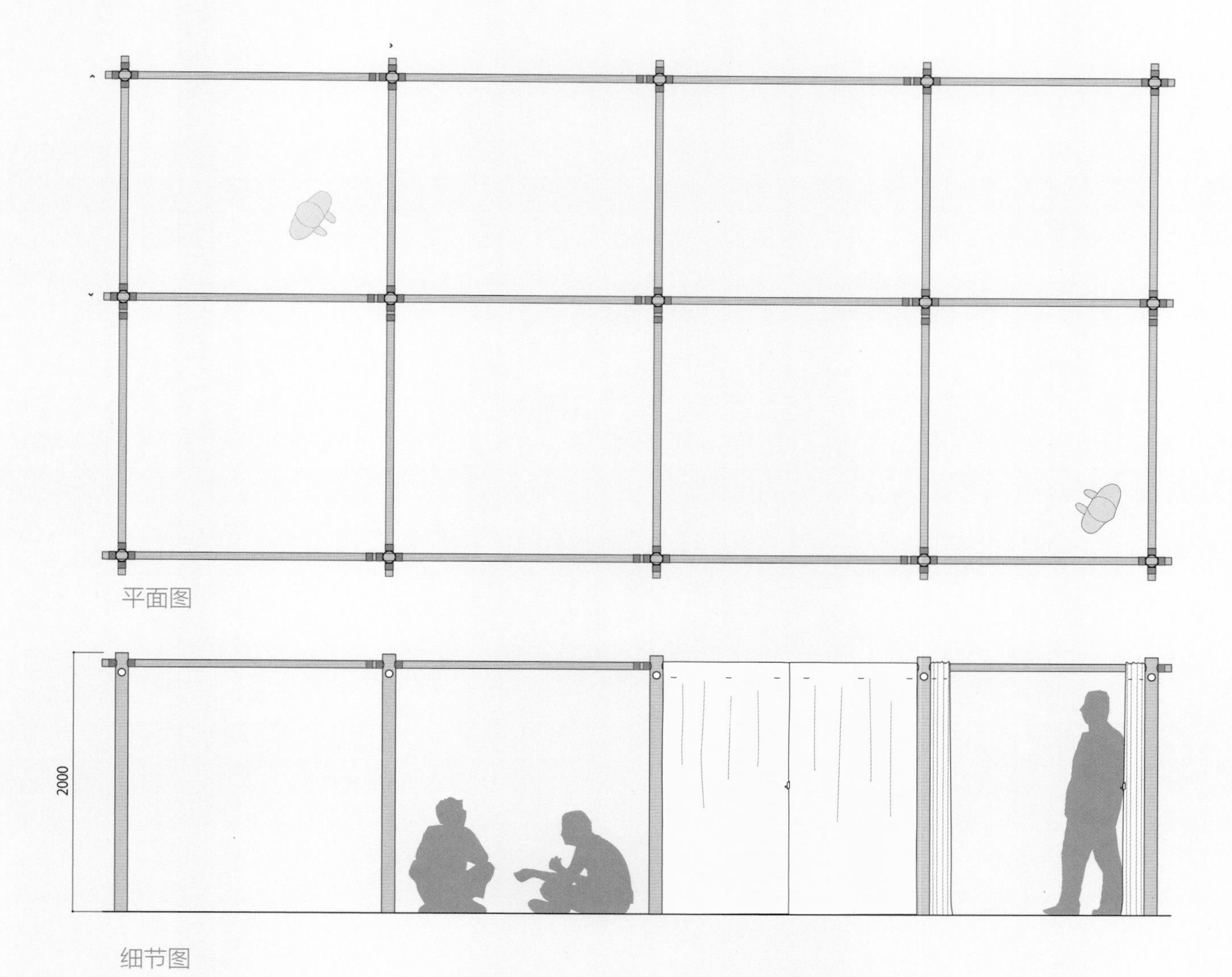

平面图

细节图

女川的集装箱临时住宅

地点: 日本宫城县女川 **时间:** 2011年 **结构建筑师:** AURP
建筑设计师: TSP Taiyo Inc.
家具: 志愿建筑师网络

自从 2011 年 3 月的大地震和海啸发生之后，坂茂建筑事务所已经走访了 50 多个疏散设施，安装了 1800 多个纸制分区系统单元，这些 2 米宽的正方形分区单元确保了家庭之间的私密性。灾难发生不久，坂茂听说女川镇由于缺乏足够的平地，难以建设充足的临时住宅。为此，他提出了一个使用运输集装箱建造 3 层临时住宅的方案，将众多集装箱以国际象棋棋盘图案的形式堆叠在一起，在集装箱之间创造了宽敞明亮的开放居住空间。通常，按照政府颁布的标准建造的临时住宅质量较差，而且没有足够的储藏空间。因此，在志愿者和捐助资金的帮助下，坂茂在他的临时住宅中内置了壁橱和搁物架。这种住宅将成为一种突破，远远超过了政府颁布的疏散设施和临时住宅标准。

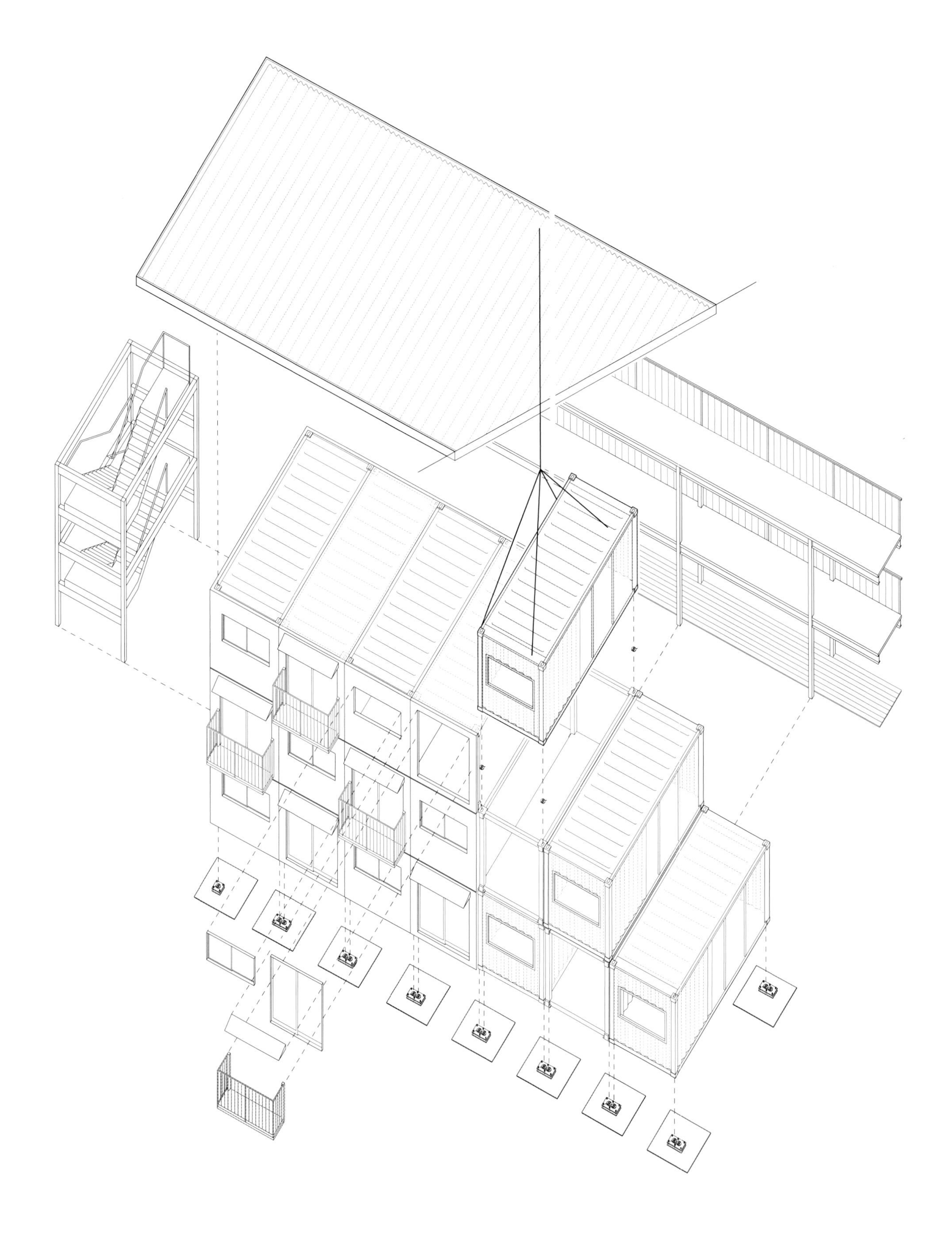

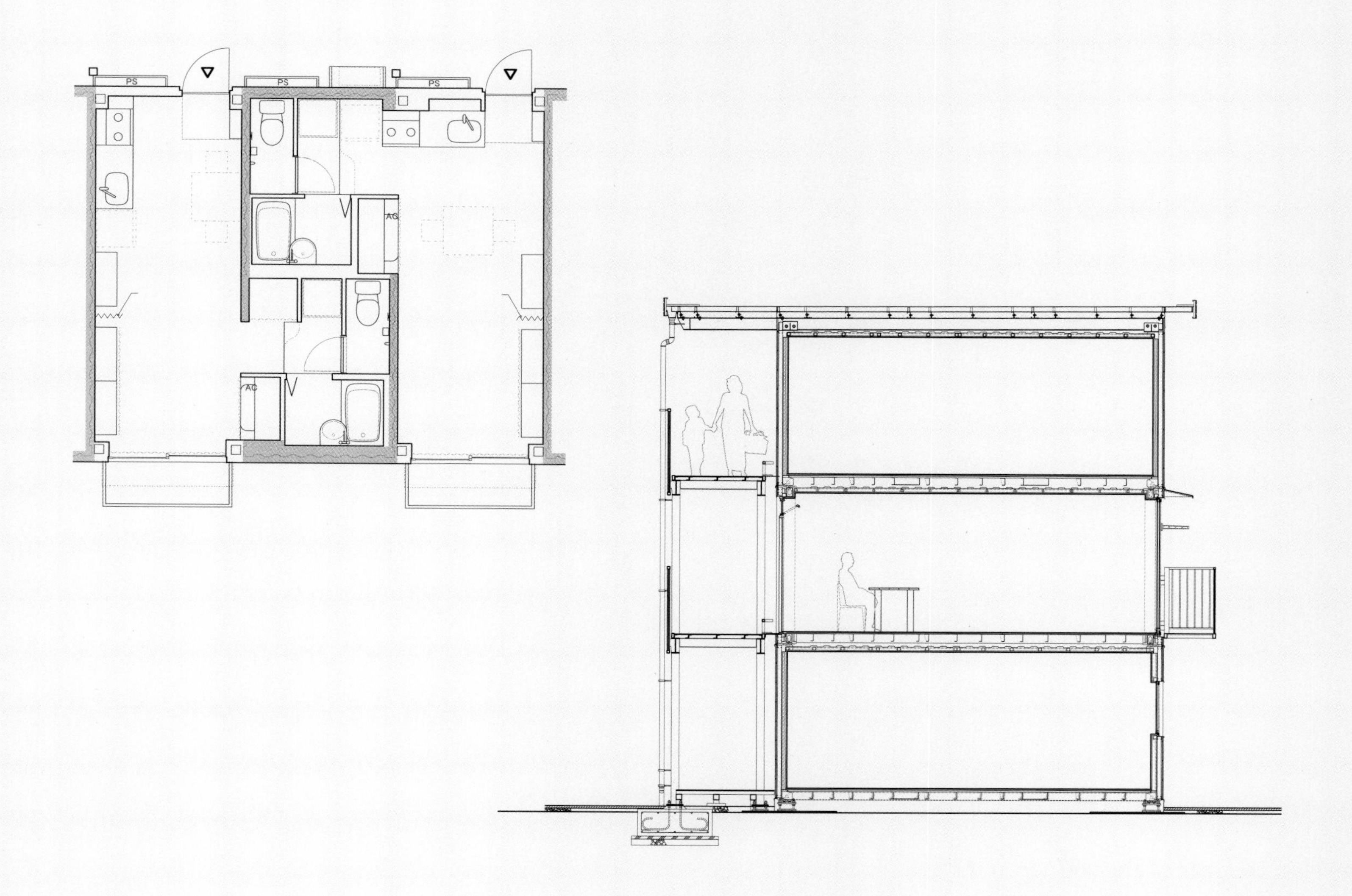

起初，灾区将会部署大量的临时住宅，可是，所需的住宅单元数量却明显不足。这主要是因为大部分遭受地震袭击的海岸地区都不是平坦的地形。一般来说，临时住宅更适合建在平整的地面，因此提供足够的住宅单元遇到了困难。我们在宫城县女川镇的项目采用了长达 6.6 米的运输集装箱进行建造，按照棋盘格式堆放的集装箱将高达 3 层。建筑师通过使用现成的集装箱，大大缩短了施工期。集装箱之间宽阔的间隔还提供了停车位和公共设施，同时保证了家庭的私密性。这种临时住宅具有出色的抗震性能，可以作为永久性的公寓住宅。

根据集装箱的排列布局，一共有 3 种类型的住宅方案：适合 1~2 人居住的 19 平方米居室；适合 3~4 人居住的 30 平方米居室；适合 4 人以上居住的 40 平方米居室。

MPLU 110268 4

MPLU 110267 9

赫尔墨斯展馆

地点: 意大利米兰 **时间:** 2011年 **项目团队:** 坂茂、让·德·加斯汀纳
建筑工程师: Hermès France **总承包商:** SODIFRA, France **主要用途:** 展馆设计
时间: 2010年 **建设时间:** 2011年 **占地面积:** 1000平方米 **建筑面积:** 214平方米
结构: 纸管、桦木胶合板、纸张

该馆的设计概念是创建一个便于安装和拆卸的游牧式展馆。展馆的整体结构是由四种不同直径的纸管制成的,并通过标准的木板连接在一起,形成了横向的结构元素。这种采用标准预制构件的结构可以根据未来展出地点的条件,创建出不同的造型。

在运输过程中,四种直径的纸管可以嵌套在一起,从而降低了材料占用运输工具的空间体积。

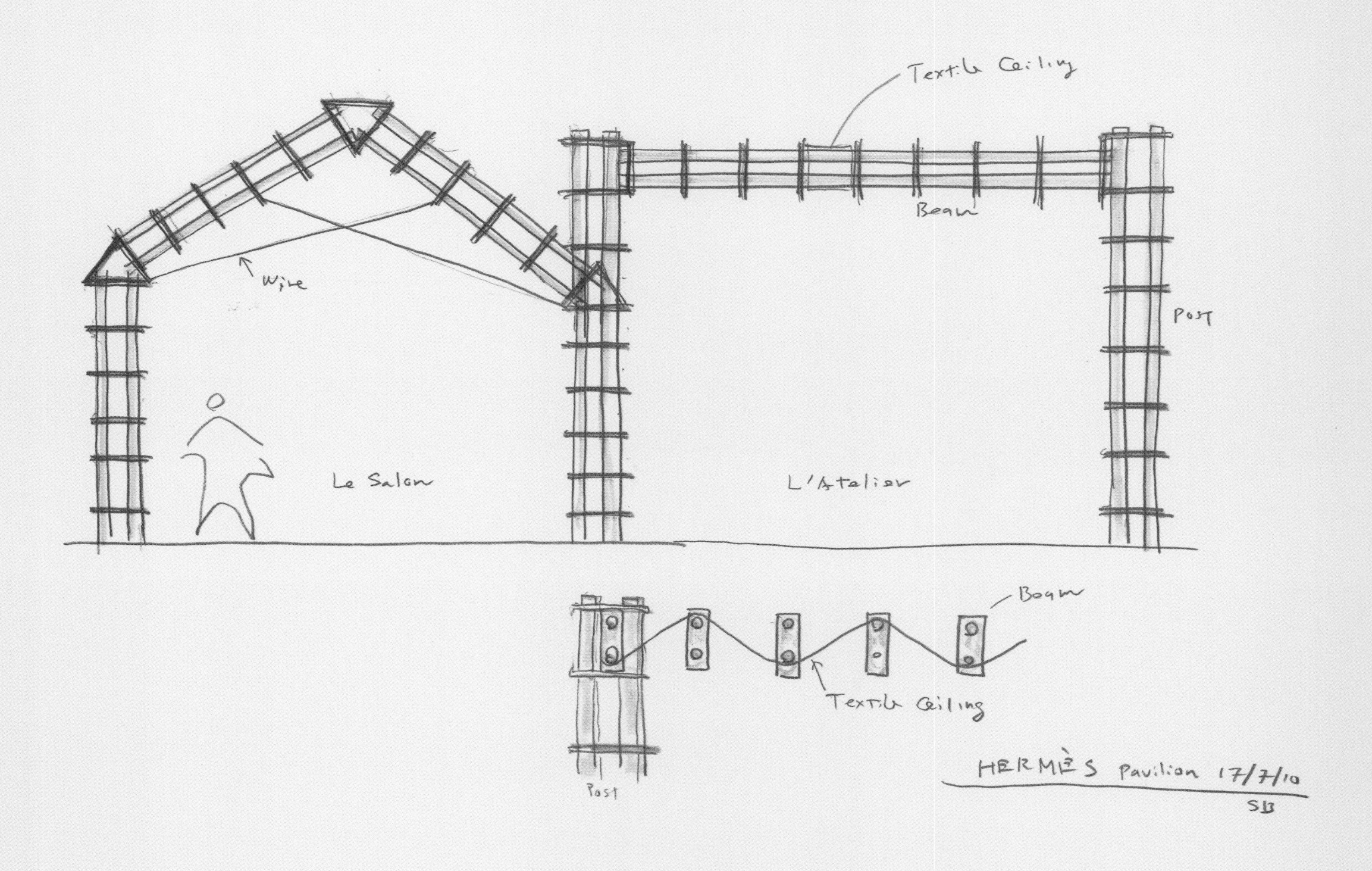
Textile Ceiling
Beam
Wire
Post
Le Salon
L'Atelier
Beam
Textile Ceiling
Post
HERMÈS Pavilion 17/7/10
SB

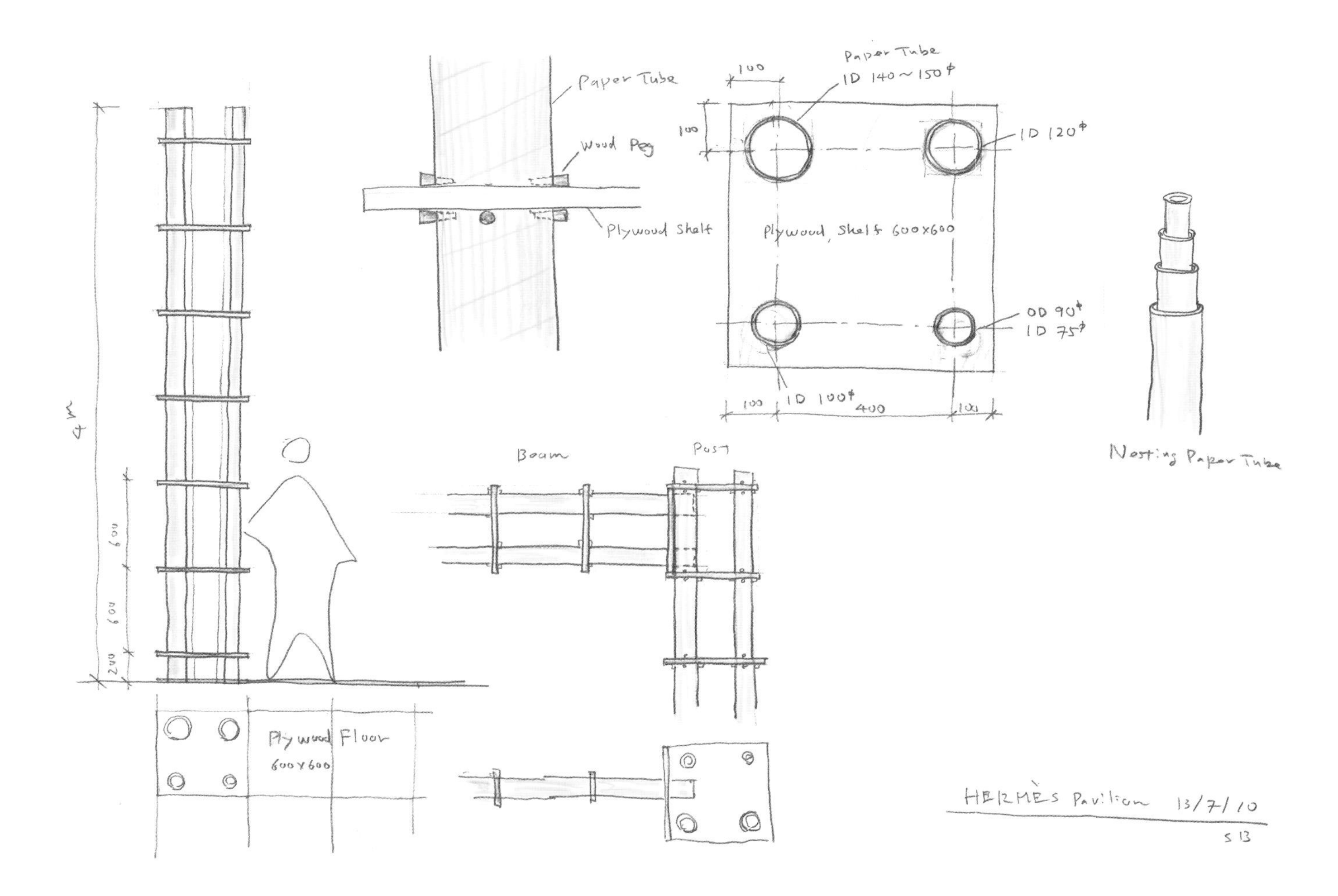
Paper Tube
Wood Peg
Plywood Shelf
Paper Tube
ID 140～150φ
100
100
ID 120φ
Plywood, Shelf 600x600
OD 90φ
ID 75φ
ID 100φ
400
Nesting Paper Tube
4m
600
600
200
Beam
Post
Plywood Floor
600x600
HERMÈS Pavilion 13/7/10
SB

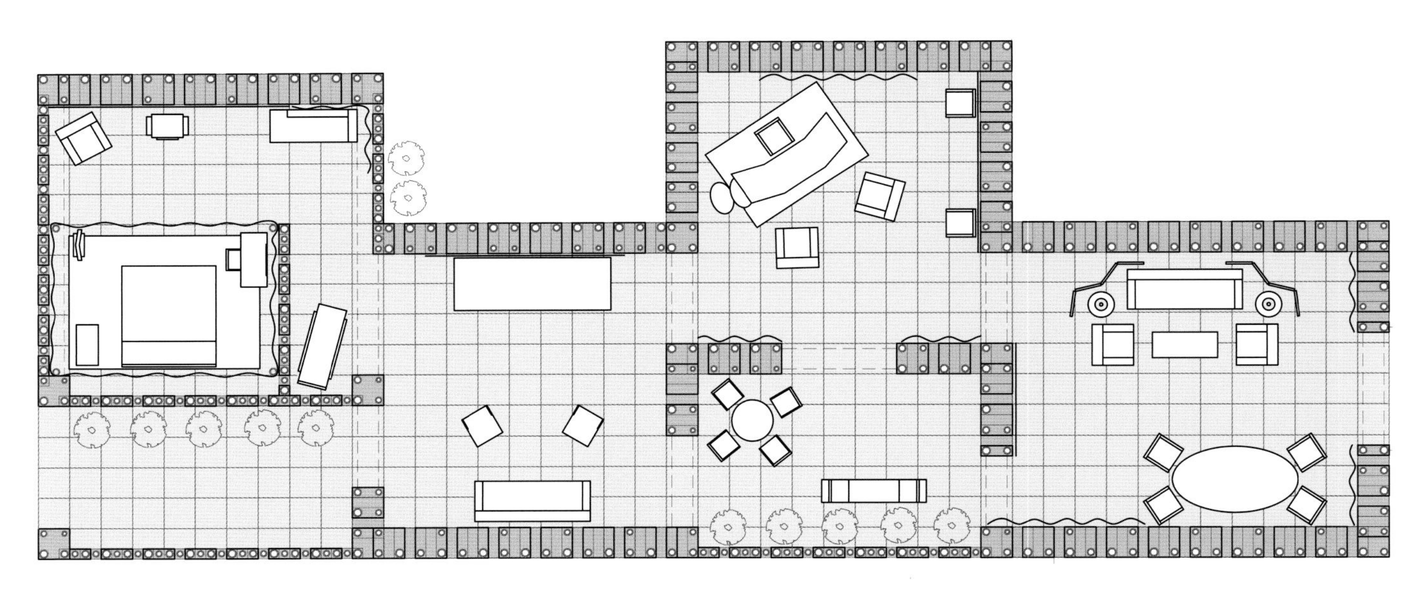

平面图

宿营者旅行馆

地点: 西班牙阿里坎特、中国三亚、美国迈阿密、法国洛里昂 **时间:** 2012年 **项目团队:** 坂茂、让·德·加斯汀纳、马克·费兰德 **结构设计:** Terrell International **总承包商:** Kubik-Tentech **主要用途:** 展馆设计
时间: 2010年9月—2011年6月 **建设时间:** 2011年6—9月 **建筑面积:** 250平方米
结构: 纸管、木材、钢材、屋顶薄膜

该建筑采用的纸管都是用回收的废纸制造的，不仅具有良好的经济性，还十分轻便。通过设计，展馆的结构可以快速方便地进行组装和拆卸，从而能够运输到世界各地的港口和码头，只要那里可以接待游艇即可。采用的纸管分为四种不同的直径，可以相互嵌套在一起，从而降低了这些材料在运输过程中所占的体积。

CAMPER

alica

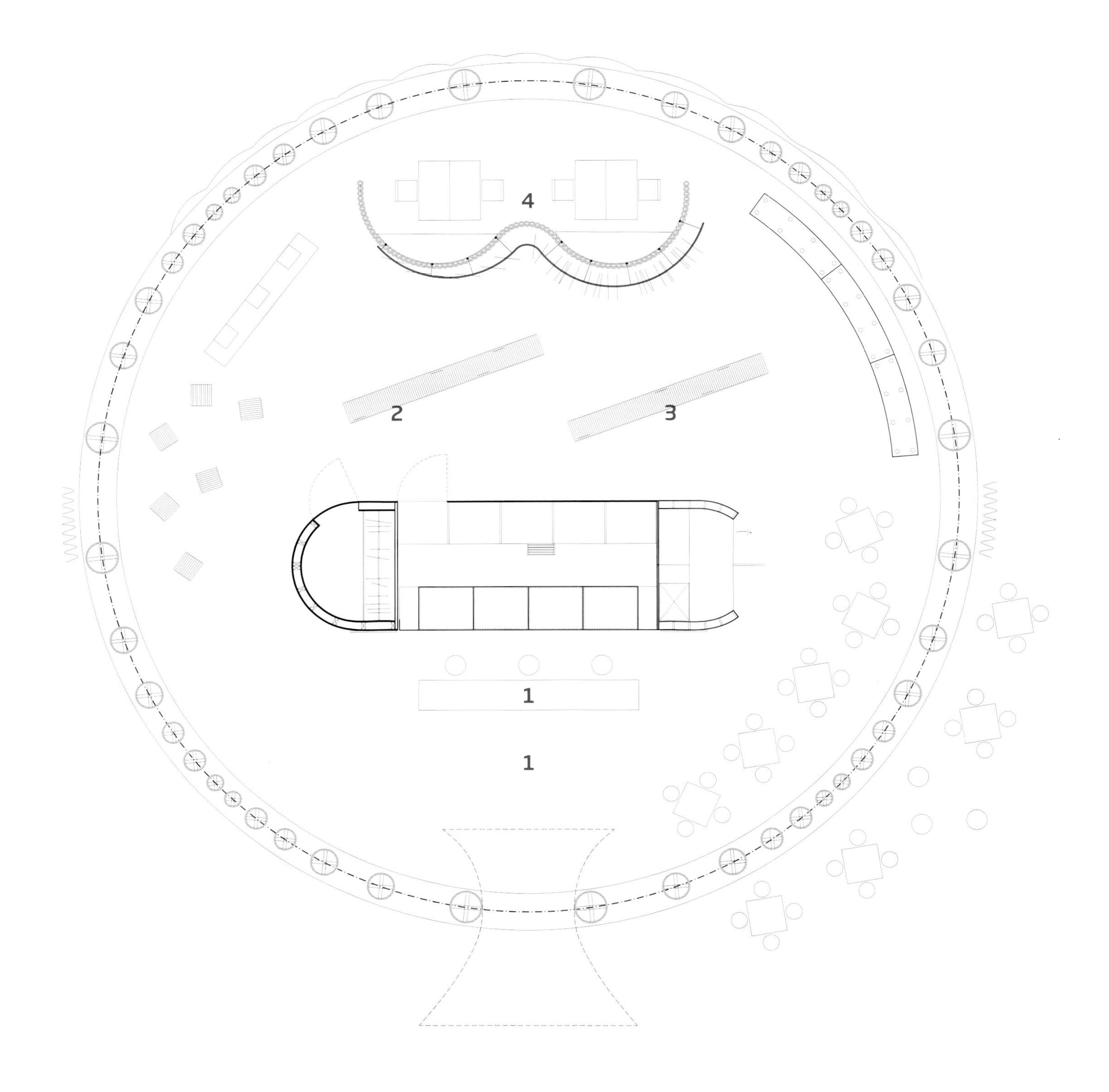

平面图

1. 接待处
2. 宿营者商店
3. 沃尔沃海洋帆船赛商店
4. 办公室

CAMPER

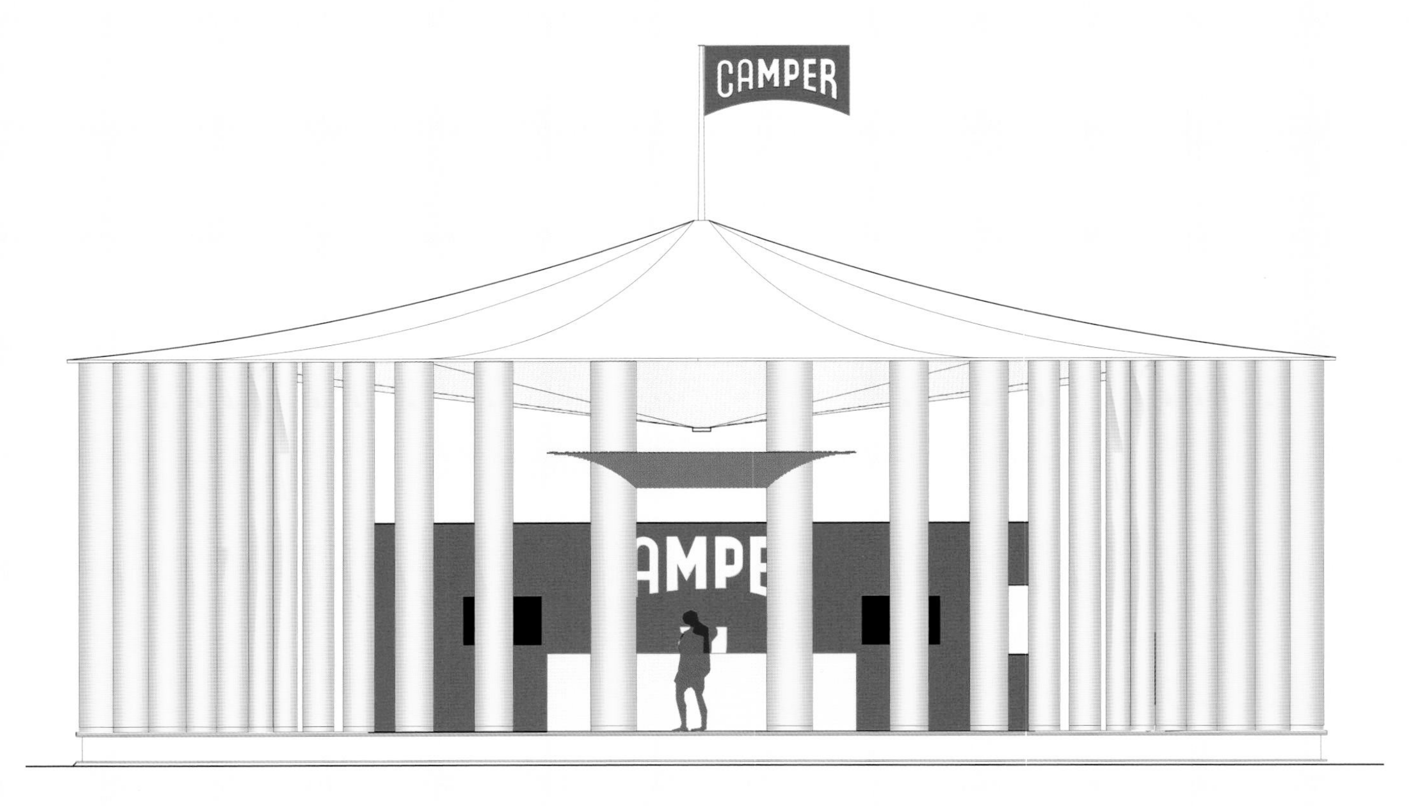

立面图

截面图

CAMPER
CAMPER

CAMPER

环境表达

无墙住宅

地点: 日本长野轻井泽 **时间:** 1997年 **项目团队:** 坂茂、平木茂 **结构工程师:** 星野建筑工程(星野秀一)
总承包商: Maruyama Komuten **主要用途:** 别墅 **设计时间:** 1995年8月—1996年9月
建设时间: 1996年10月—1997年8月 **占地面积:** 330平方米 **建筑面积:** 60平方米 **结构:** 钢架

这座住宅建在一个斜坡地带,主要是为了将挖掘工作量降至最低。房子的后半部分位于地下,挖掘出的泥土作为填充物将前半部分的地面铺成平地。在住宅嵌入地面的后半部分,地面呈曲面向上与屋顶汇合,自然地抵消了来自土壤的压力。平整的屋顶被牢牢固定在后部向上翘起的平板上,减轻了前面 3 根立柱的水平载荷。由于这些立柱只承受垂直方向的压力,所以其直径被减小到只有 2 英寸多一些 (5.5 厘米)。为了尽可能纯粹地表达出结构概念,所有的墙壁和竖框都被取消,只留下了滑动面板。在空间上,住宅拥有一个“通用层”,虽然厨房、浴室和厕所都以非封闭的状态布置在该层,但是它们却可以通过滑动门板进行灵活的分区隔离,在使用的时候形成封闭状态。

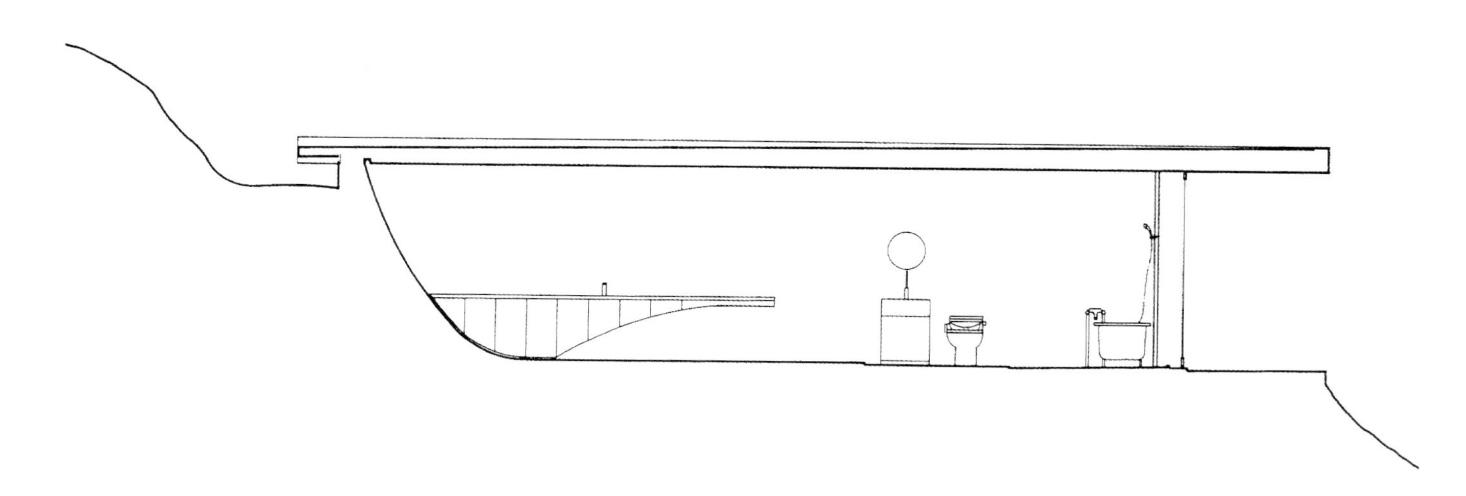

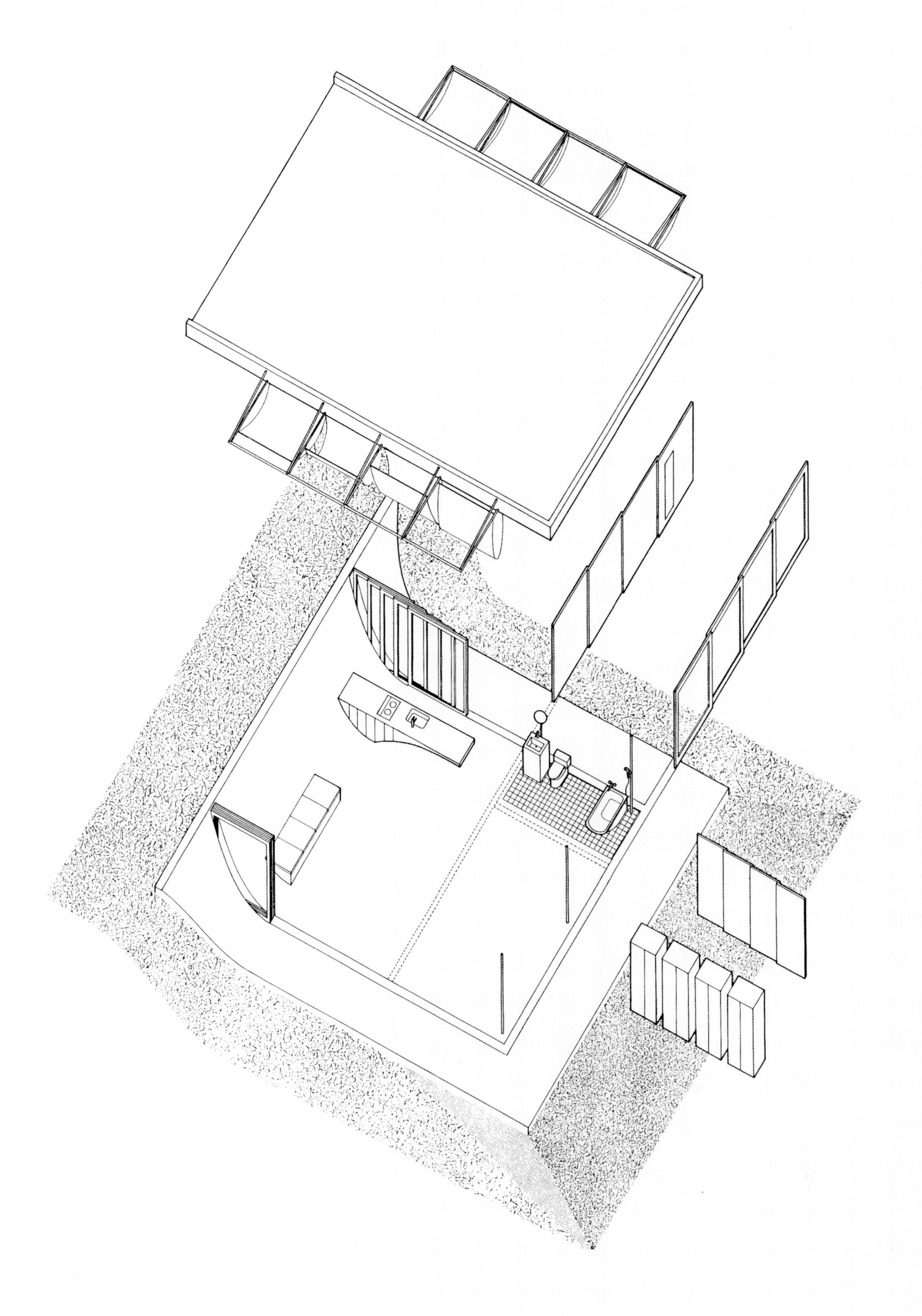

观景窗屋

地点: 日本静冈县伊豆 **时间:** 2002年 **项目团队:** 坂茂、平贺信孝、矢敷润 **顾问:** 星野建筑工程 **总承包商:** 大同工业 **主要用途:** 居住 **设计时间:** 1999年12月—2001年2月 **建设时间:** 2001年3月—2002年2月 **占地面积:** 881平方米 **建筑面积:** 274平方米 **结构:** 钢架 **主要材料:** 镀锌钢、铝板、玻璃（外部）、石膏板（内部）

在海边一座绵绵起伏的山丘上，靠近顶峰的位置有一个令全日本都感到惊叹的地带，那里的景色美丽迷人、整洁有序，几乎没有一丝凌乱和瑕疵。当坂茂第一次踏上这块土地时，脑海里立刻便勾画出壮观美丽的海洋全景。这就意味着这里的住宅应该成为一个观赏美景的窗口。此外，为了防止建筑本身成为破坏海洋景观流畅性的障碍，坂茂设想让这种视野可以穿过建筑一直延伸到山顶的树林，从而保持景观的连贯性。因此，整个建筑的上层被设计成一个跨度长达 20 米的桁架支撑结构，从而在下方创造了一个长 20 米、高 2.5 米的通透空间，形成一个巨大的观景窗口。

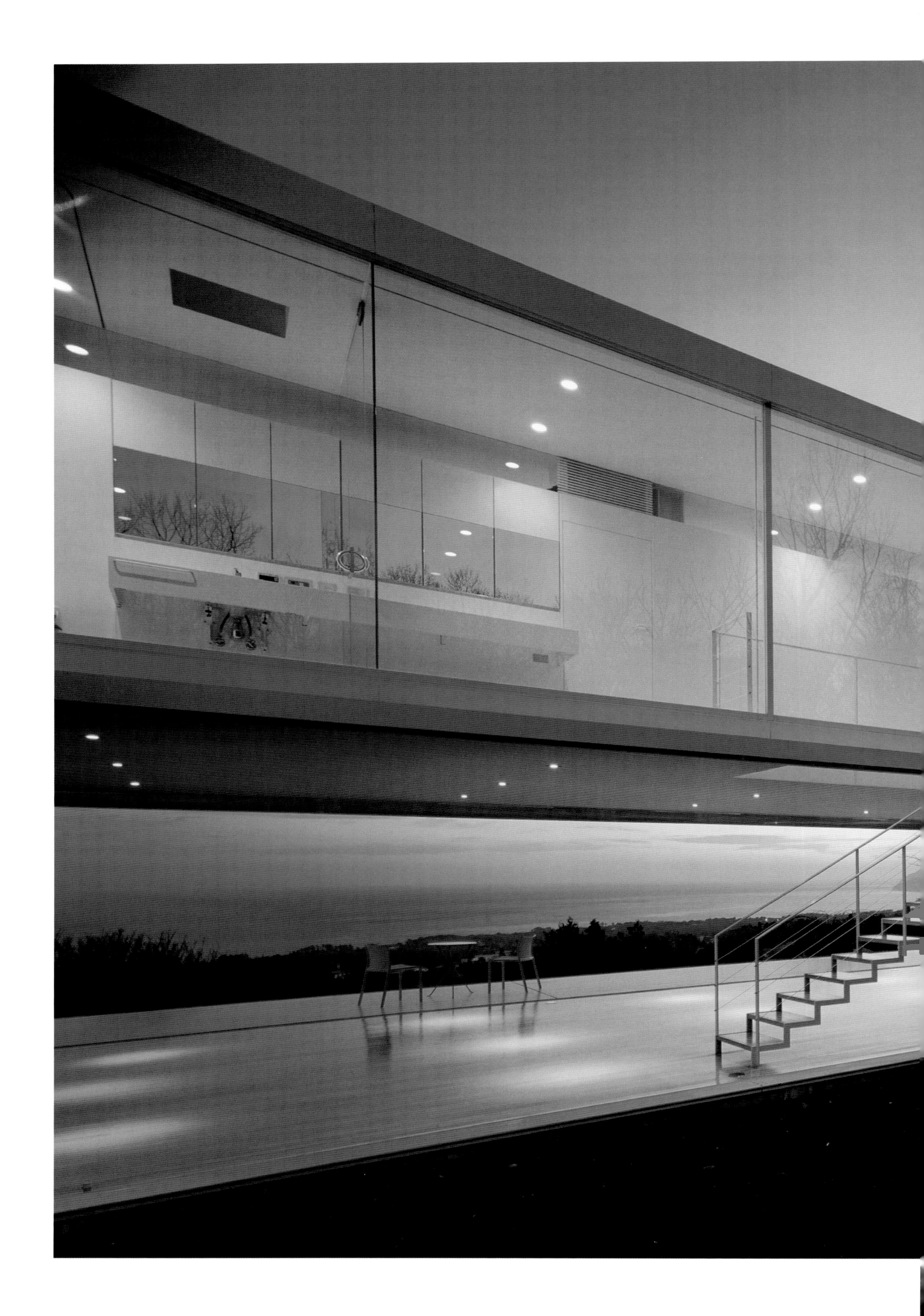

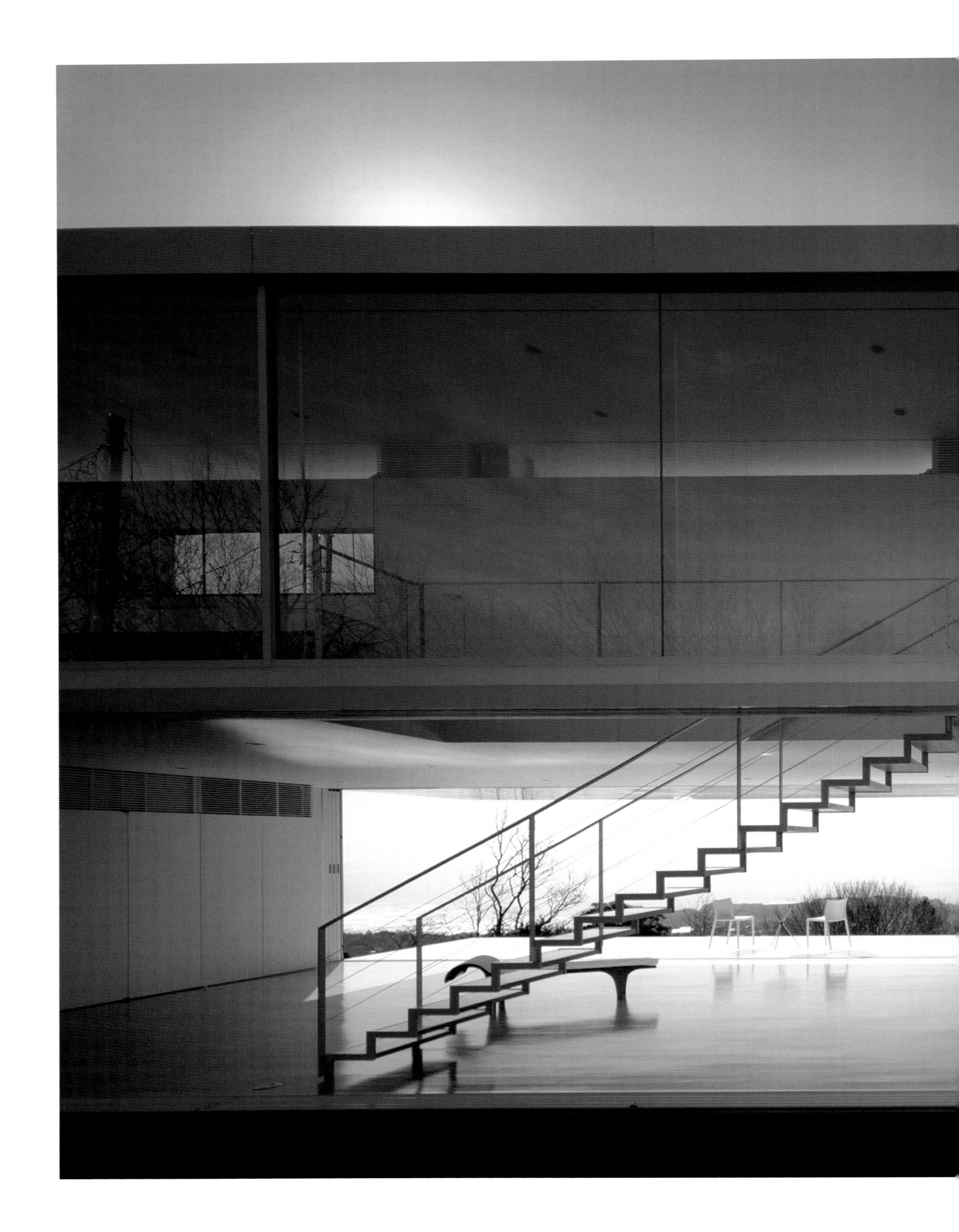

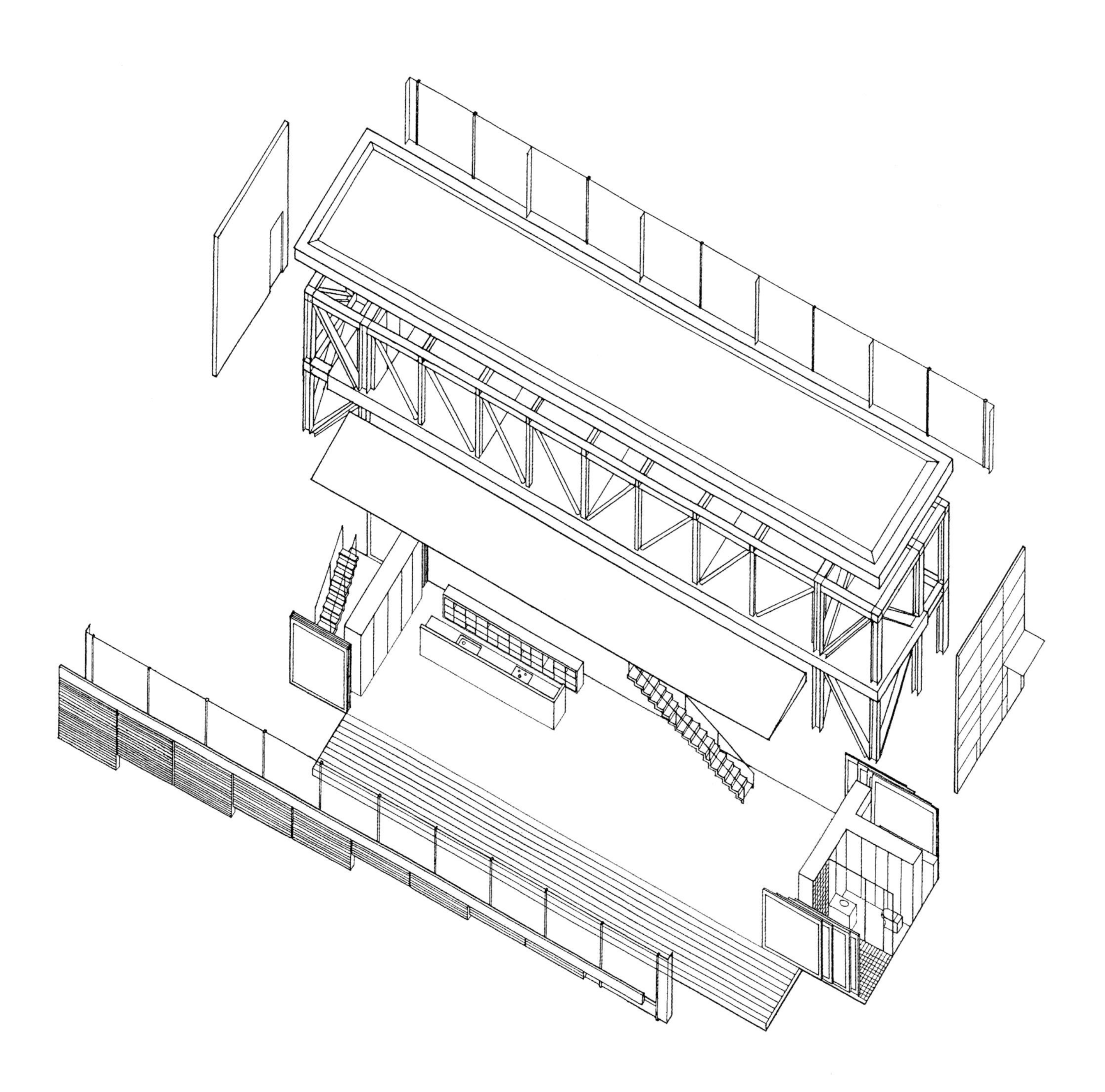

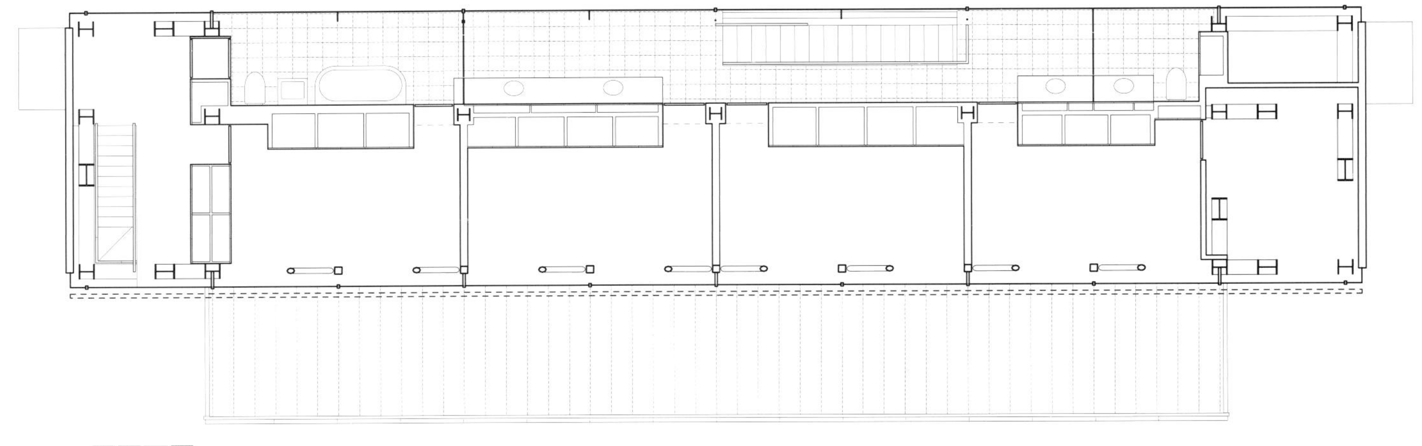

一层平面图

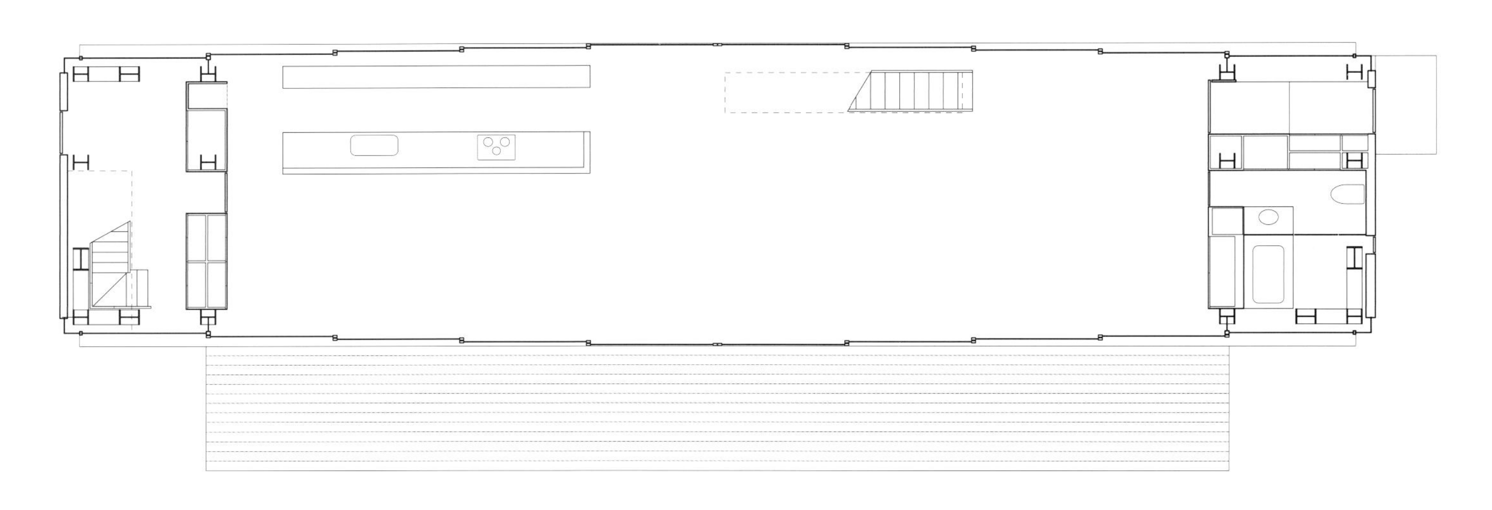

二层平面图

2000年汉诺威世界博览会日本展馆

地点：德国汉诺威 **世界博览会时间：**2000年 **项目团队：**坂茂、平贺信孝、平木茂、矢敷润 **顾问：**弗雷·奥托结构
工程师：英国标赫（迈克尔·迪克逊、保罗·韦斯特伯里、保罗·罗杰斯、格雷格·哈迪、克劳斯·莱布林）
总承包商：竹中欧洲有限公司 **主要用途：**展馆设计 **时间：**1997年7月—1999年8月 **建设时间：**1999年9月—2000年5月
占地面积：5450平方米 **建筑面积：**3016平方米 **结构：**纸管、木料

在德国汉诺威举办的2000年世界博览会上，日本展馆的设计概念必须体现出与环境问题相关的主题，因此，就必须考虑环境的问题。此外，还要表达出对日本传统的创新。有鉴于此，我们决定运用纸管结构技术建造一座“纸制的展馆”。这一技术采用可以回收利用的纸管作为主要的结构材料。可以说，这个纸展馆讲述了一个关于建造、拆除和回收利用的传奇故事。在普通的设计中，建筑的竣工被视为项目的结束，然而这个纸制的临时展馆却是在被拆除之后才算是完成了使命。该项目的设计团队由来自不同国家和不同领域的专家组成，这也是纸制展馆另外的一个特色。另外，坂茂建筑事务所的纸管结构工艺作为一种新的结构方法，获得了日本建设省的批准和认可。

但是，由于这是一个规模极大、并且之前从未尝试过的结构系统，所以汉诺威世界博览会的日本展馆必须进行一些改变。为了获得德国建设部门的批准，其结构形式也需要进一步的开发和改进。于是我们决定聘请弗雷·奥托教授作为咨询顾问，并与英国的布罗·哈波尔德土木工程公司进行结构设计合作。

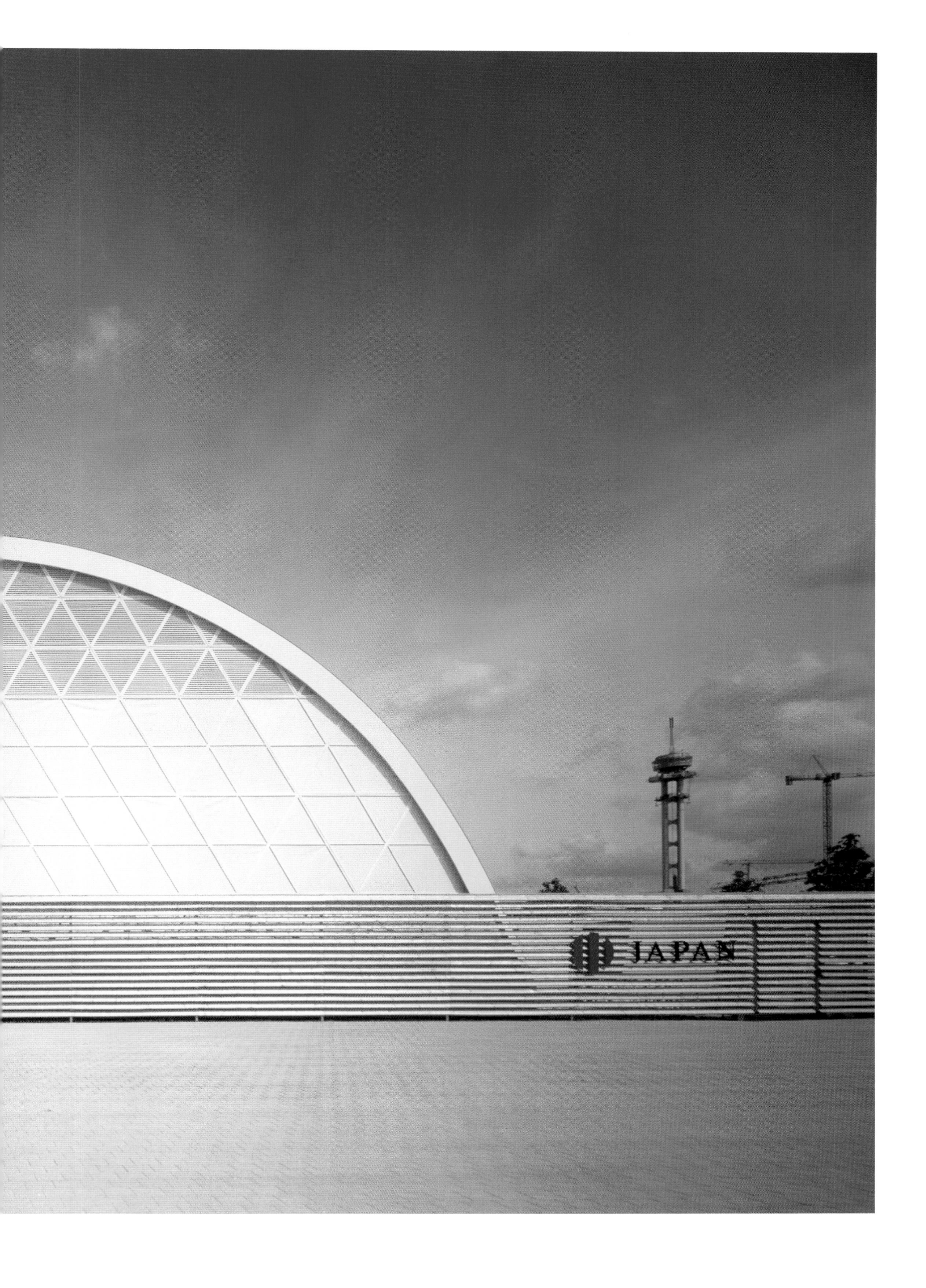
JAPAN

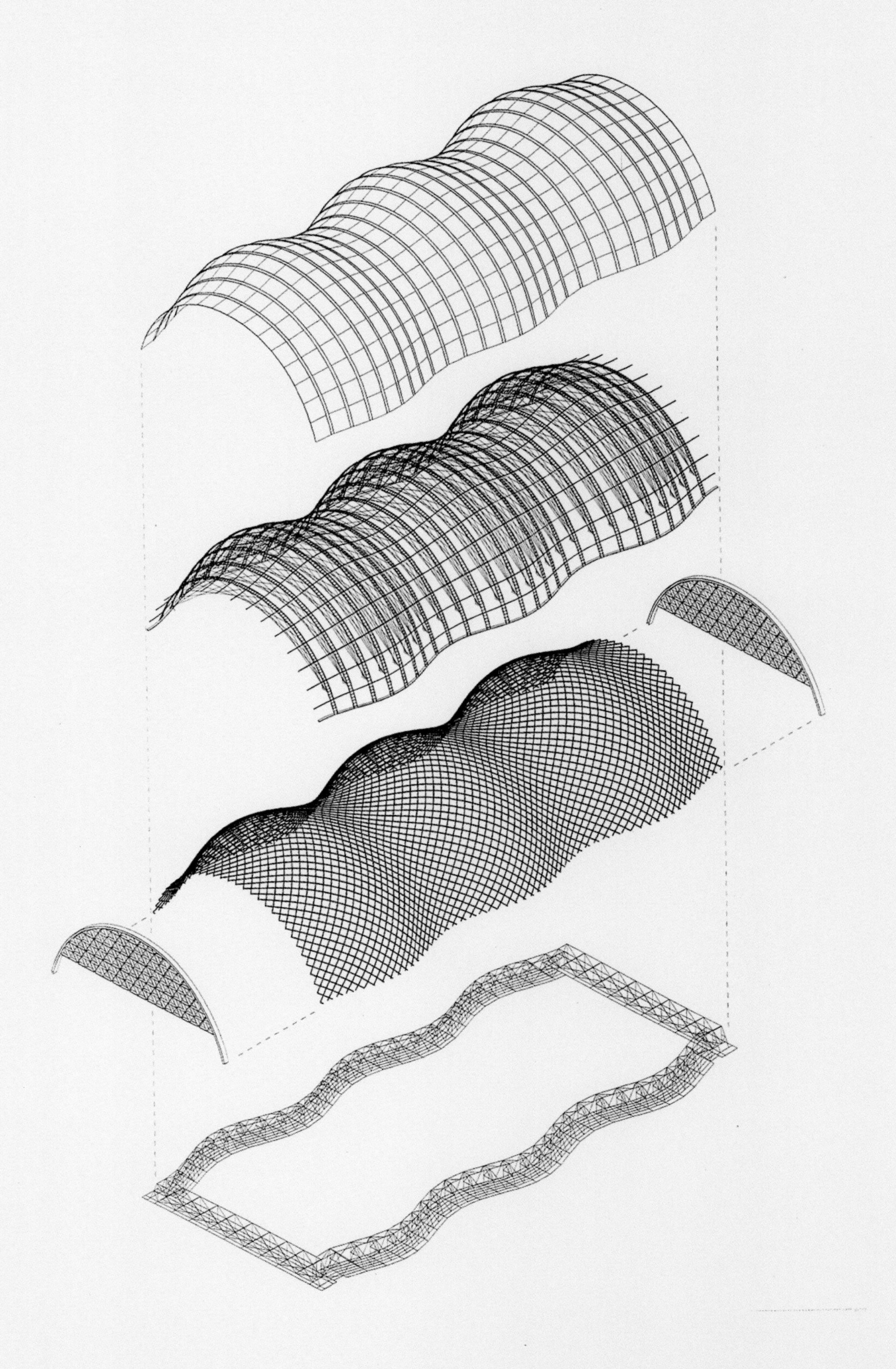

奥托教授是世界知名的建筑师和结构工程师，曾经设计过 1967 年蒙特利尔世界博览会的德国展馆、慕尼黑奥林匹克体育场和曼海姆花园节的木结构网格状外壳。而英国标赫曾在曼海姆花园节的木结构网格状外壳项目，以及世界最大的穹顶——英国伦敦的千禧穹顶项目中负责结构设计工作。当地最大的纸管制造商欧洲索诺科公司也参与了材料的研发过程。

在众多合作伙伴的支持和协助下，“纸制展馆”作为多国合作以及构思与技术相结合的产物，获得了巨大成功。

游牧式博物馆

地点： 美国纽约码头54号 **时间：** 2005年 **项目团队：** 坂茂建筑事务所、迪恩·莫尔茨建筑事务所（坂茂、迪恩·莫尔茨、开尔文·里特、威廉·布莱恩特、查德·克劳斯、克尔斯滕·海夫利、林燕玲（Lim Yan Ling）、大卫·塔卡斯、凯尔·安德森）**结构工程师：** 英国标赫（克雷格·施威特尔、克里斯托巴尔·科雷亚、J. 科恩）
建筑工程： Bovis Lend Lease、MVN、Summit Structures、A.S.R. **主要用途：** 移动博物馆
设计时间： 2003年11月—2004年10月 **建设时间：** 2004年12月—2005年2月
占地面积： 5574平方米 **建筑面积：** 3020平方米 **结构：** 钢制集装箱、纸管、钢结构基础

按照计划，摄影师格利高里·考伯特的游牧式博物馆可以穿梭于不同的城市之间，成为一个移动的博物馆。但是，在付诸实践的过程中却遇到了意想不到的困难。2005 年 3 月，这个面积为 4200 平方米的游牧博物馆在纽约码头 54 号建成，并延伸到哈德逊河之上。在 3 个月的时间内，它吸引了 300000 名参观者。根据预定计划，它将在 2006 年 1 月迁移到下一个展出地点——加利福尼亚的圣莫妮卡码头，面积也要扩展到 5200 平方米。由于博物馆的主体结构是由 6 米长的运输集装箱构成的，而且这些集装箱都是在每一个地点租用的，所以只有少部分的建筑材料需要运输，例如拉伸结构的屋顶薄膜、纸管立柱这样的支撑结构和纸管桁架等屋顶构件。虽然运输这些材料十分方便，但是还必须解决在圣莫妮卡出现的两个意外问题。首先，为了容纳一个新书店，以及放映考伯特制作的新影片所需的电影屏幕，就必须增加建筑面积。因此，展馆在纽约码头时狭长的造型几乎变成了正方形，以适应圣莫妮卡不同的场地条件。为此，展馆被一分为二，沿着中部为书店和电影屏幕设置的空间平行排列。

NOL

NOL
NOL

NOL
TRS
TIPHOOK
NOL
TRITON

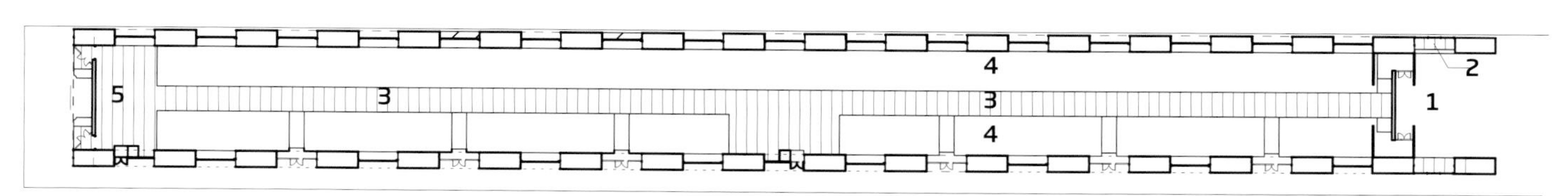

平面图

1. 入口大厅
2. 售票处
3. 走廊（画廊）
4. 展出区域
5. 剧场

0 1200 2400 cm

与在纽约的时候一样，这里的集装箱也是以国际象棋棋盘的图案进行堆放的，并利用集装箱原有的连接系统在每个箱体的角落处进行固定。坂茂面临的第二个难题是每个州在建筑的规定方面存在着很大的差别。在纽约州，作为临时建筑，简单地在集装箱下面放置钢梁就可以作为基础结构，并得到批准。但是在圣莫妮卡，这种基础结构就不能用于临时建筑。此外，当地还要求该建筑要具备双倍于当地标准的抗震能力，因此，必须安装固定的基础结构。

在纽约，游牧式博物馆可以作为临时建筑得到批准，得以在集装箱下面放置 H 形钢梁作为简单的基础结构。但是，同样的结构在圣莫妮卡不同的法规面前，是无法作为临时建筑得到批准的。

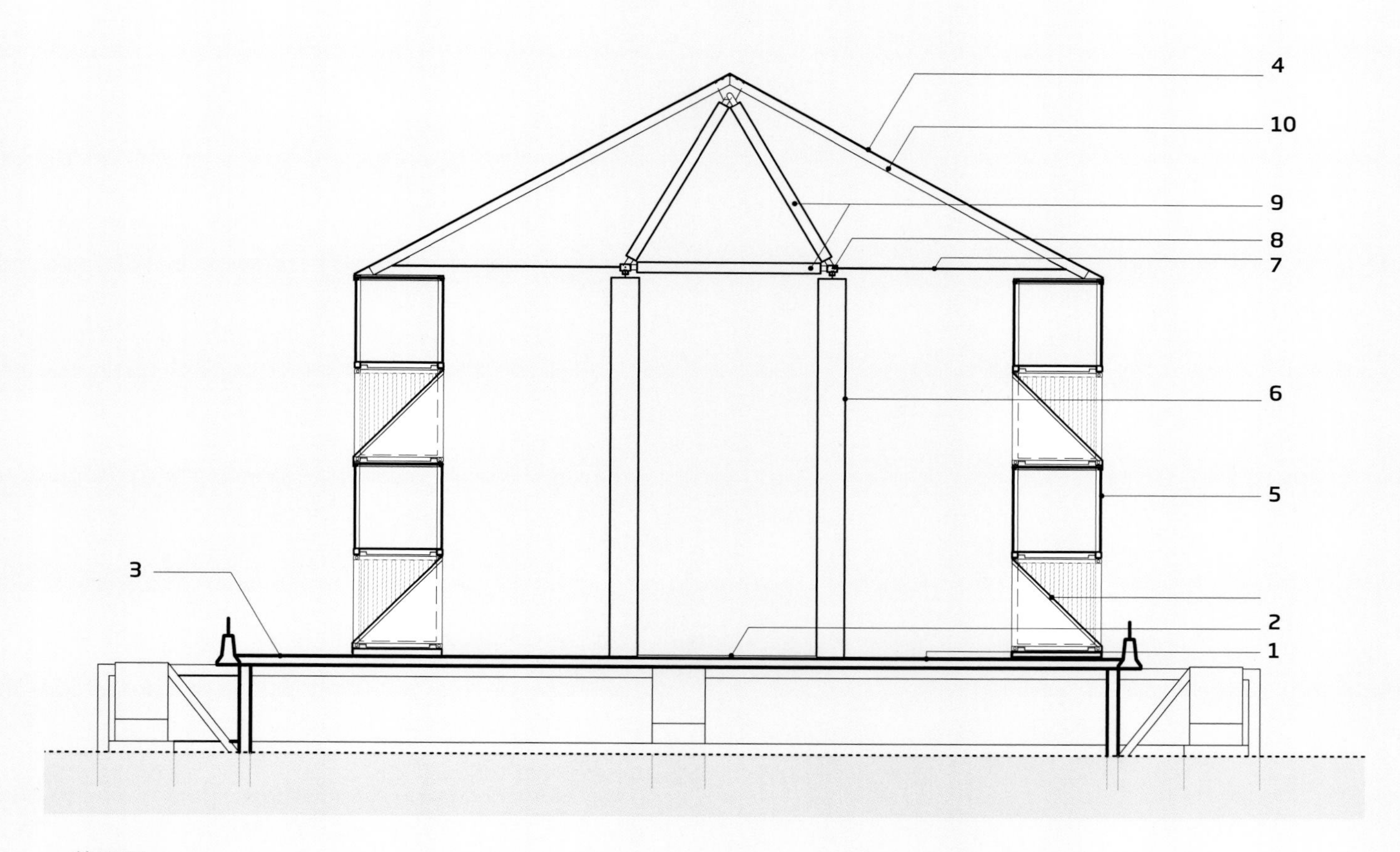

截面图

1. 砾石
2. 木制廊道
3. 原有码头（码头54号）
4. PVC屋顶防水薄膜
5. 运输集装箱
6. 直径76厘米的纸管立柱，管壁厚度2.54厘米
7. 水平支撑：钢缆
8. 槽钢支柱28厘米×19厘米
9. 直径30.5厘米的纸管桁架，管壁厚度2.54厘米
10. 钢椽17.8厘米×25.4厘米

0 200 400 cm

TRITON

TIPHOO

成蹊大学图书馆

地点：日本东京武藏野 **时间：**2006年 **设计：**坂茂建筑事务所、三菱治承设计公司 **建筑工程师：**清水公司
主要用途：图书馆 **设计时间：**2003年9月—2004年12月 **建设时间：**2004年12月—2006年6月
占地面积：174899平方米 **建筑面积：**11956平方米 **结构：**钢架、PC混凝土、钢骨混凝土、钢筋混凝土、木料

按照传统的定义，图书馆是一个安静的学习场所。而成蹊大学的新图书馆则定义了一个全新的概念，涵盖了所有形式的沟通和信息交流。建筑的中部是拥有大型透明玻璃幕墙的中庭，容纳了若干独立的透明隔舱，可以用于聚会和信息交流。

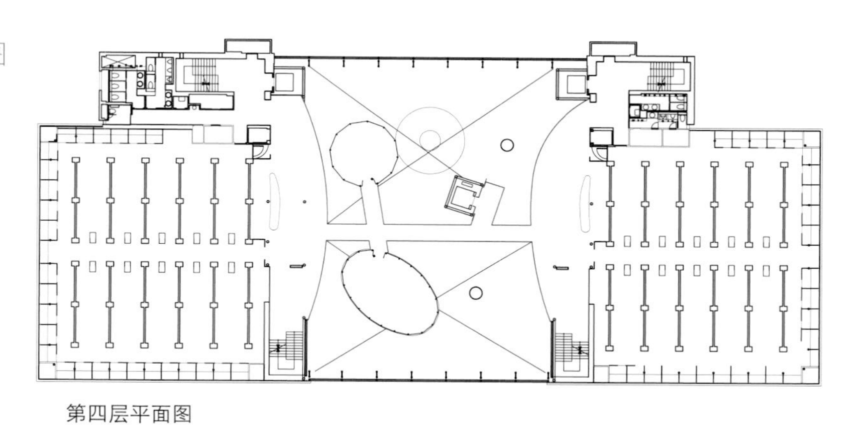

第四层平面图

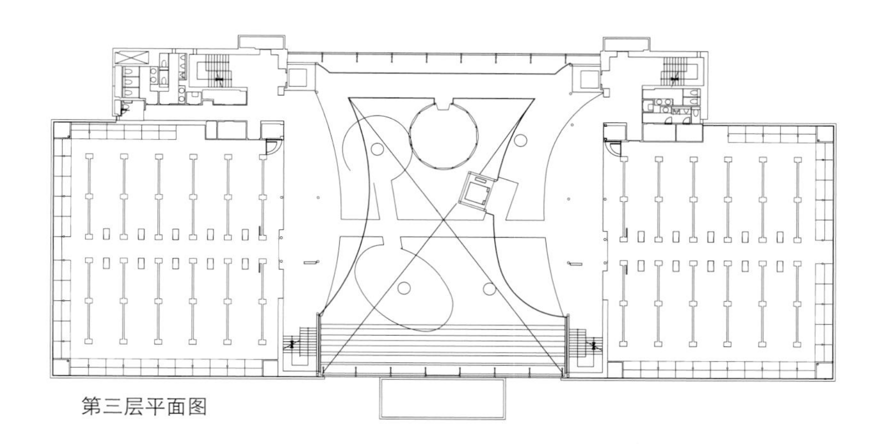

第三层平面图

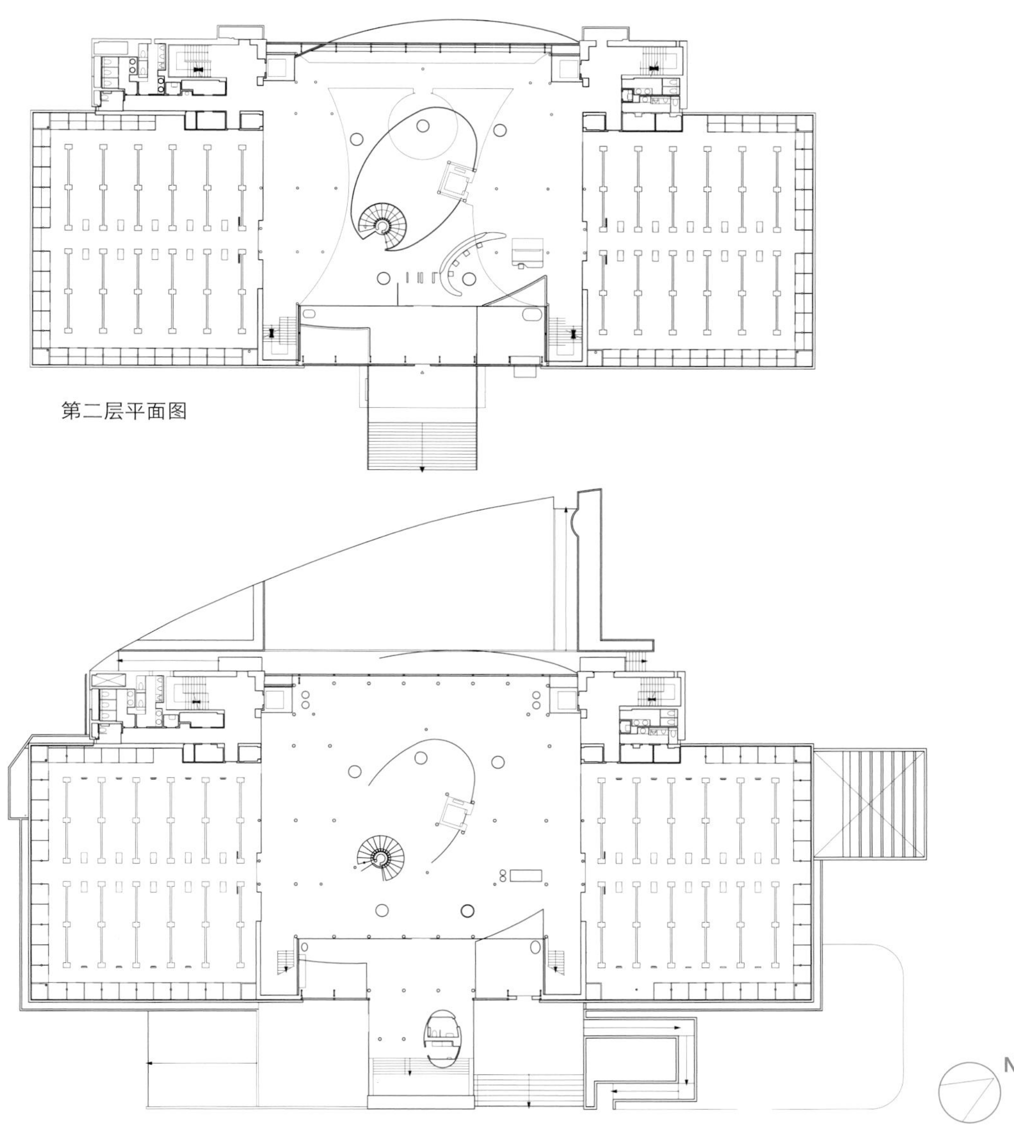

第二层平面图

第一层平面图

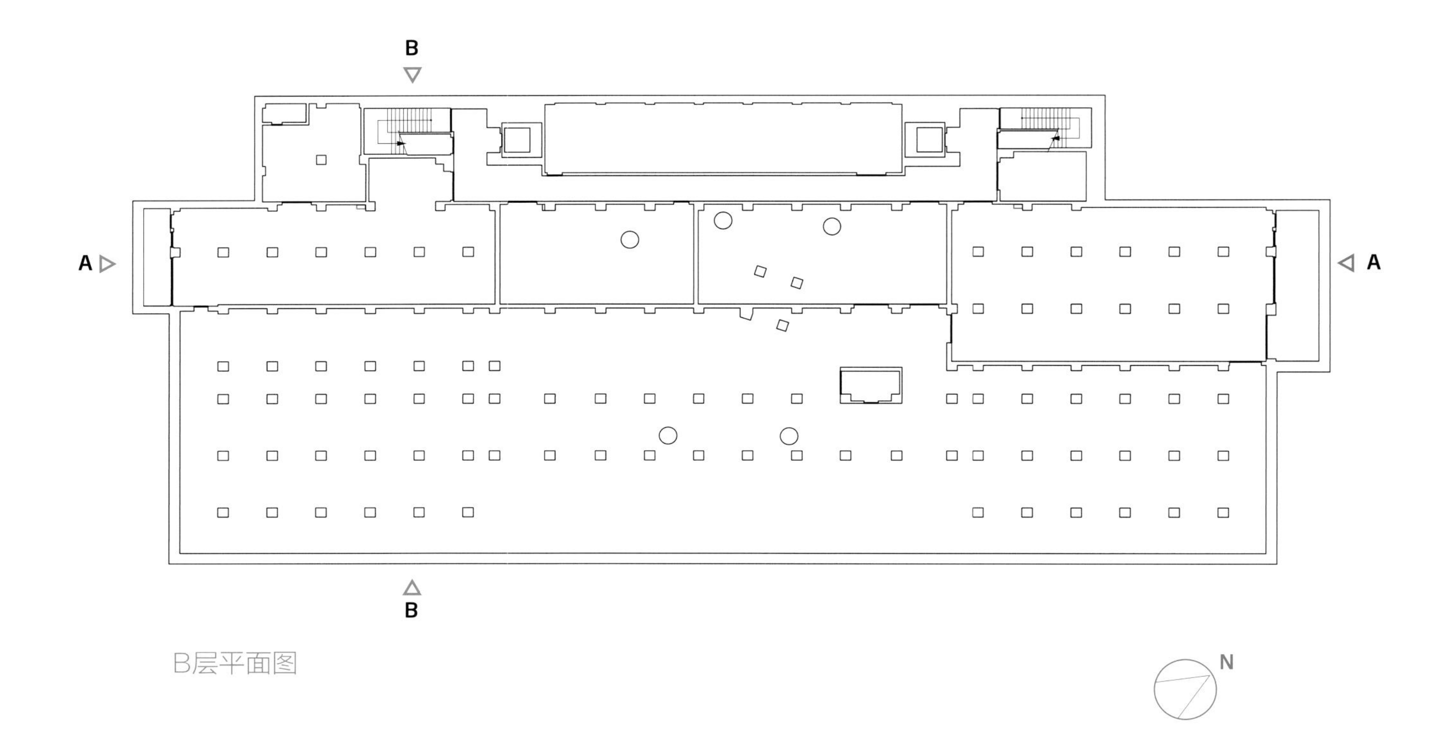

B层平面图

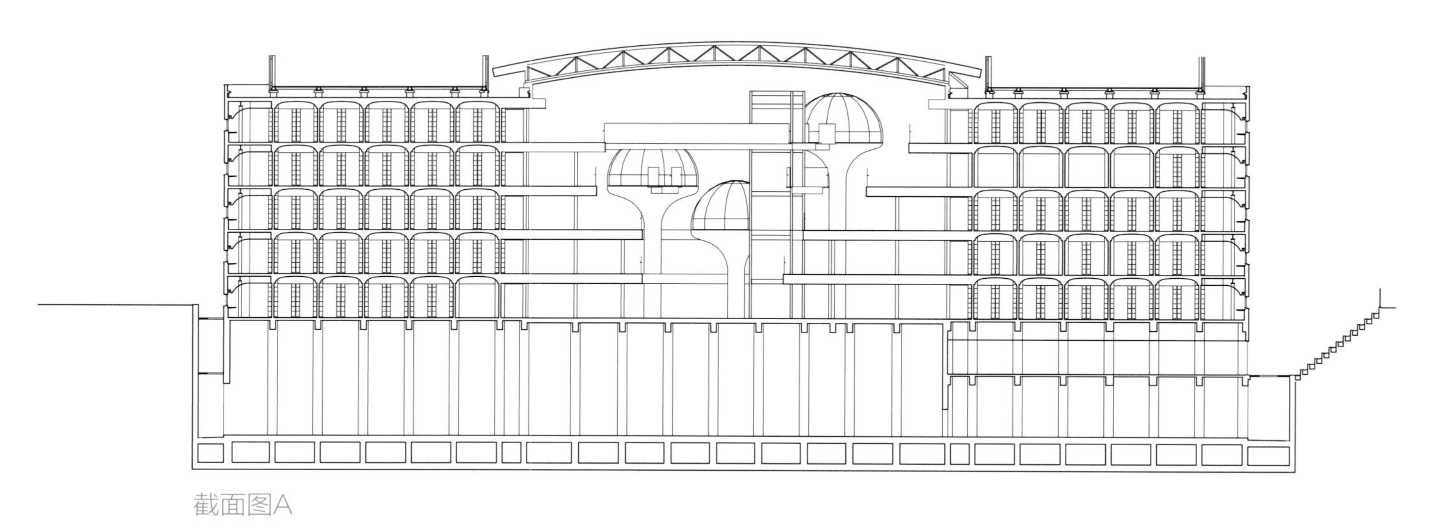

截面图A

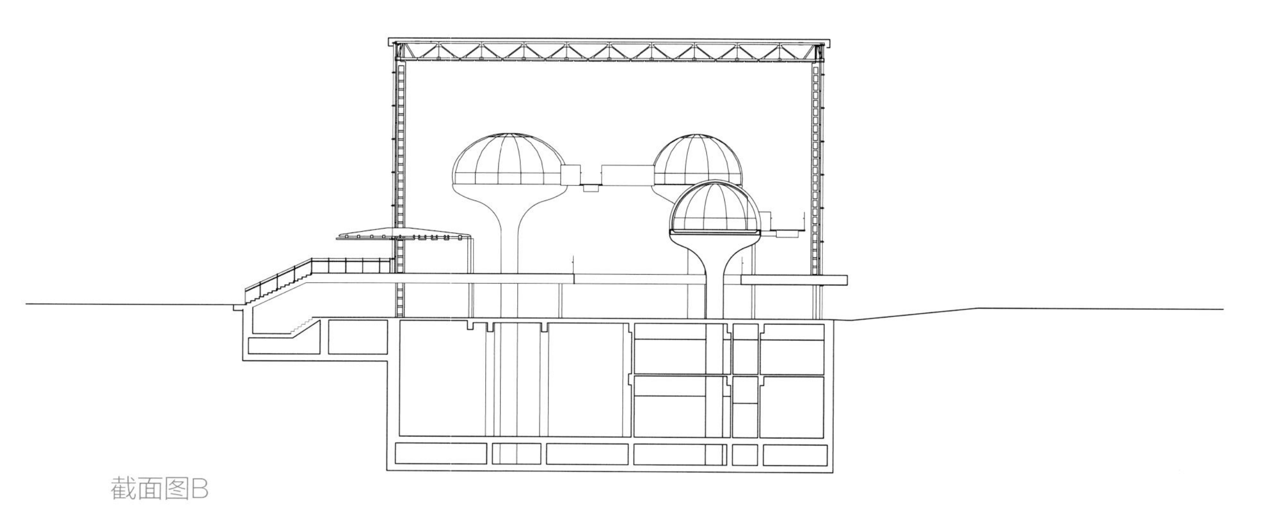

截面图B

SEIKEI UNIVERSITY LIBRARY

尼古拉斯·G. 海耶克中心

地点: 日本东京银座 **时间:** 2007年 **项目团队:** 坂茂、平贺信孝、冈部太郎、入江义彰、格特·铃木、松森古明、川原达也、托塔·戈雅、艾伦·克劳斯 **结构工程师:** ARUP Japan（树所良太、佐佐木金）**机械工程师:** ES 公司（佐藤英二、木林滋利）**总承包商:** 鹿岛建设股份有限公司 **主要用途:** 零售、办公 **设计时间:** 2005年2—10月 **建设时间:** 2005年12月—2007年4月 **占地面积:** 474平方米 **建筑面积:** 5697平方米 **结构:** 钢材（超级结构）、钢筋混凝土、钢骨钢筋混凝土（子结构）

尼古拉斯·G. 海耶克中心位于东京银座，是日本斯沃琪集团的新总部，也是东京最具优雅品位的购物和餐饮区域。高达 14 层的建筑里拥有斯沃琪集团 7 家重要的表店，它们分布于地下一层到地上四层之间。从第五层到第十三层之间则是顾客服务和办公区域，在第十四层设有一个多功能大厅。此外，在地下二层还设有机械式停车场。

该建筑的设计概念来源于银座的背景环境，与银座和周围小街大量美观别致的店铺和高档餐馆和谐相融。为了体现出银座的特色，建筑的前部和后部外观立面都覆盖了高达 4 层的玻璃百叶窗。当玻璃百叶窗处于打开的状态时，这里的地面便成为银座的一条街道，任何人都可以从中通过。在内部，沿着大型中庭延伸的内墙栽满了绿色的植被，形成一个垂直连贯的绿色花园，将零售区域、顾客服务区域、办公区域连接在一起。

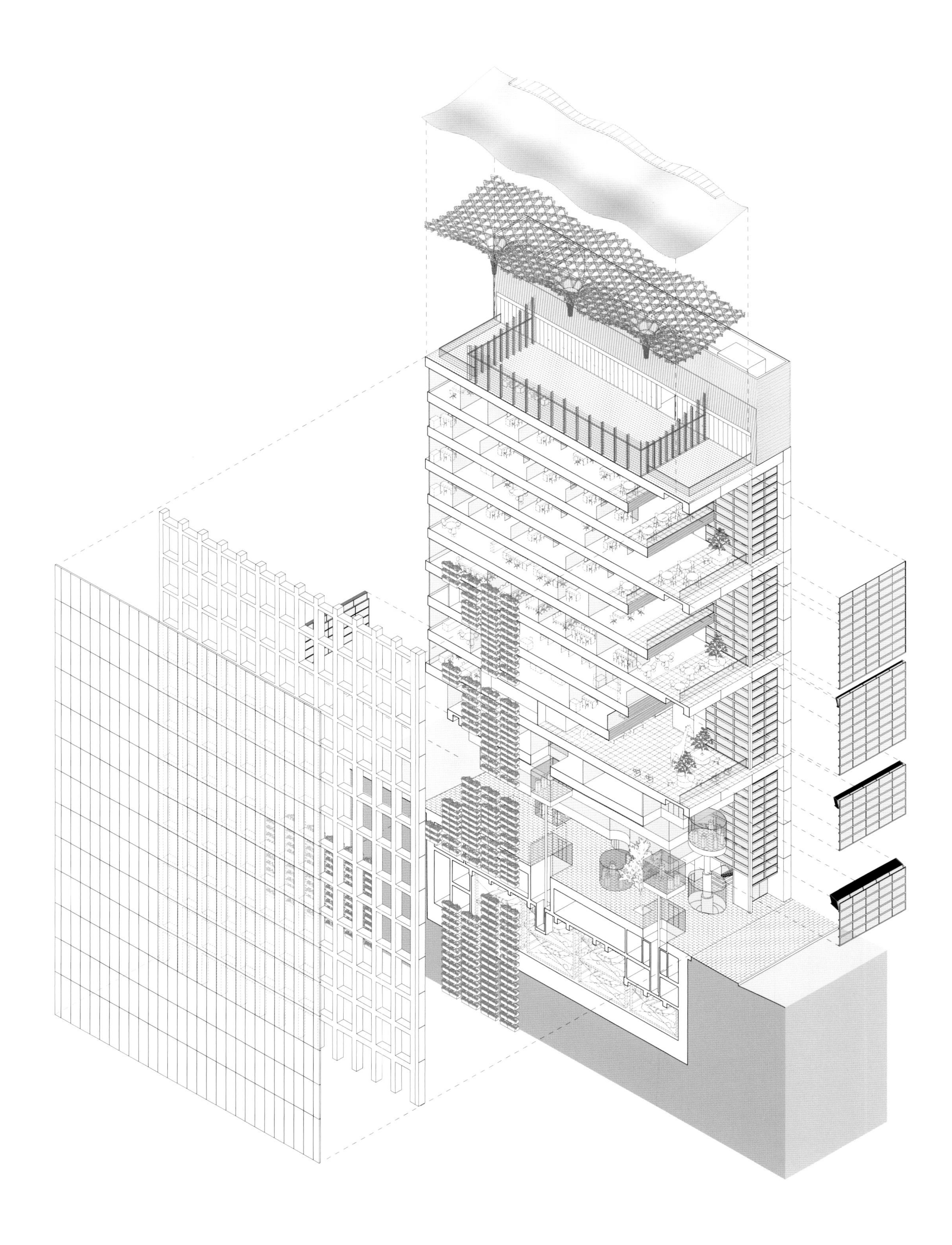

Glashütte
ORIGINAL

ZARA

为了让人们方便到达分布在地下一层至地上四层之间的7家表店，设置了大型的玻璃观景电梯供顾客使用。7部玻璃电梯中的1部是为每一间品牌店设置的，顾客可以从地面的广场直接到达主要楼层的店铺。被称为时代大道的广场设有7部大型的玻璃观景电梯和垂直绿墙，对于任何游览建筑的人来说，这里都是一个充满动感与活力的地方。

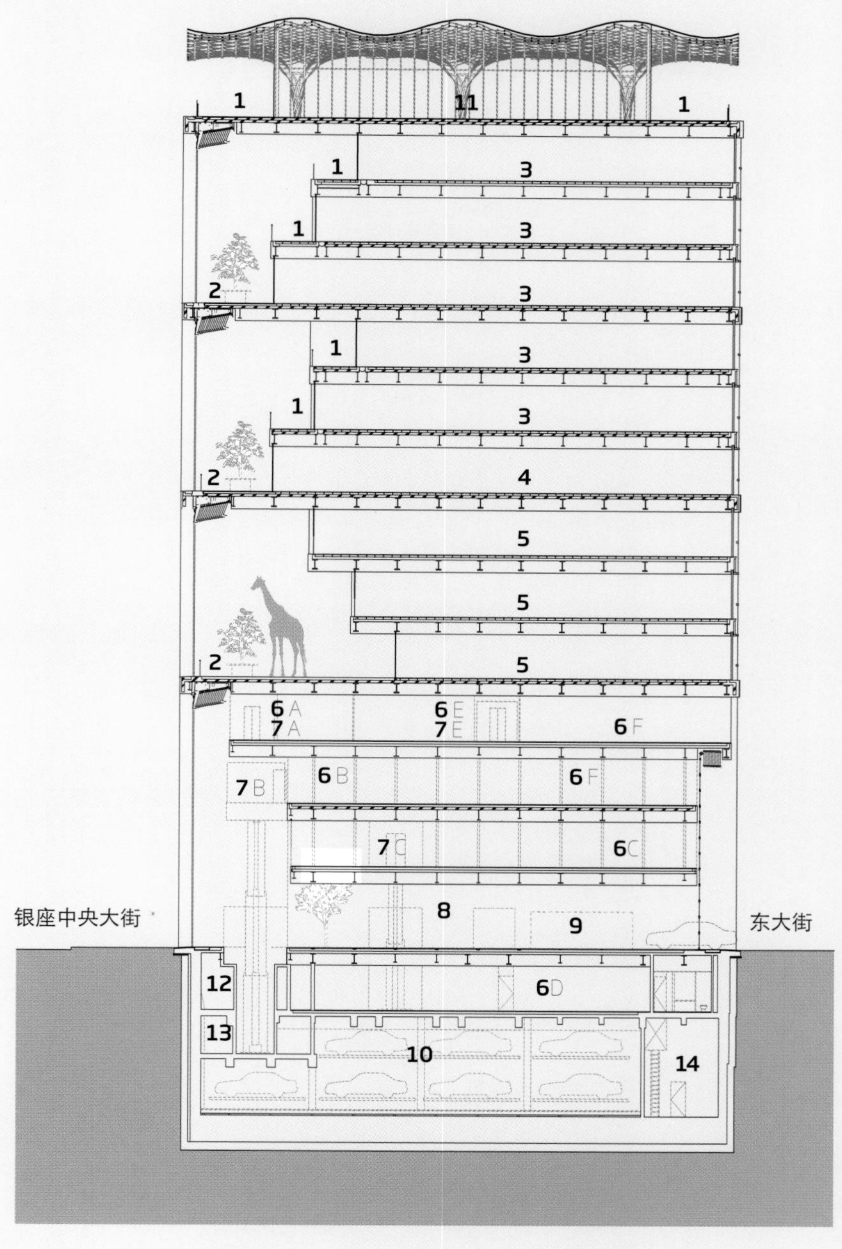

截面图

1. 露台
2. 中庭
3. 办公室
4. 接待博物馆
5. 顾客服务区
6. 精品店
7. 展室
8. 广场
9. 汽车升降机
10. 停车场
11. 多功能大厅
12. 机房
13. 电气室
14. 机械室

0 500 1000 cm

J D
JAQUET DROZ

Glashütte
ORIGINAL

高取的天主教堂

地点: 日本神户 **时间:** 2007年

高取新建成的天主教堂替代了原来的临时纸教堂，后者被运送到中国台湾的新地点安家落户。教堂的庭院与周围低矮的建筑之间被一道滑动百叶窗隔离，当滑动百叶窗打开后，教堂的内部和外部空间便可以相互连通。这个小教堂的造型犹如一个被截去顶尖的圆锥体，耸立于周围低层建筑的一角。

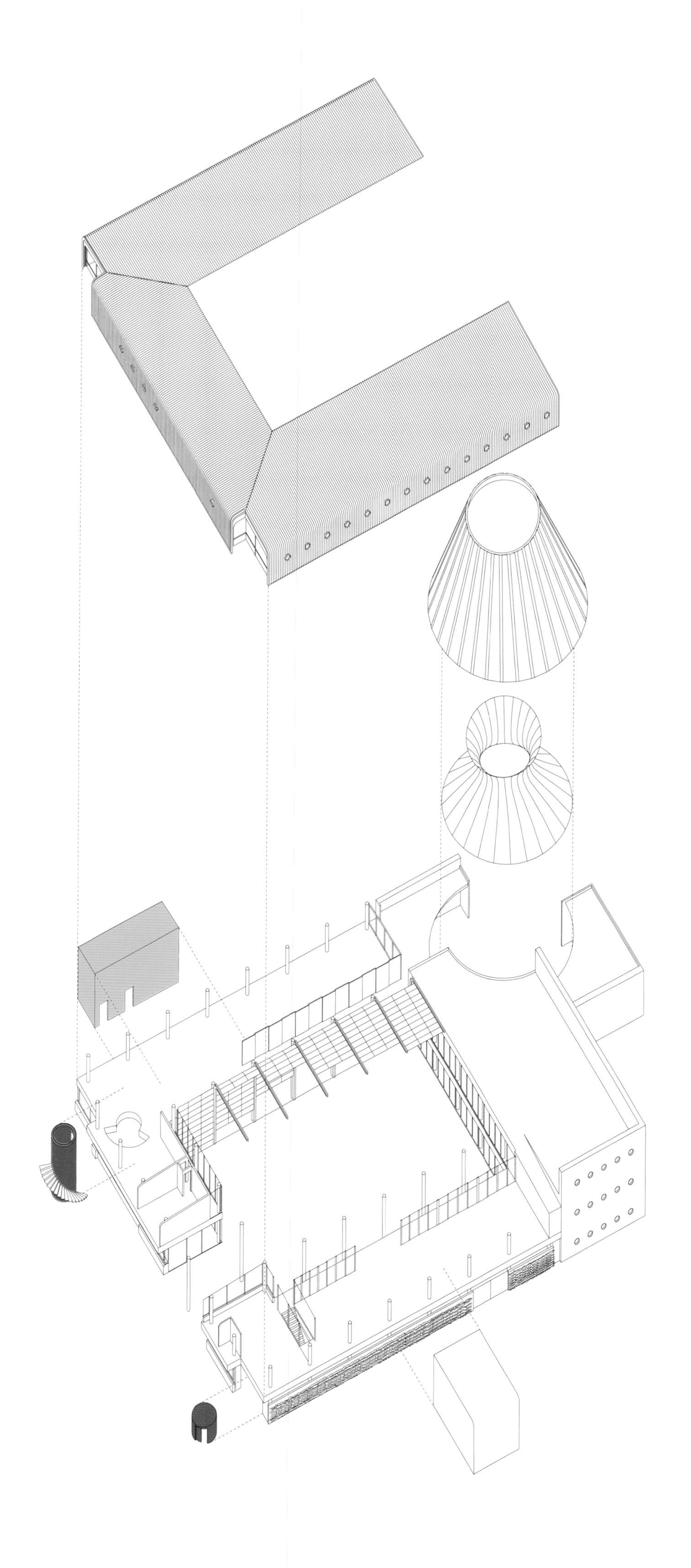

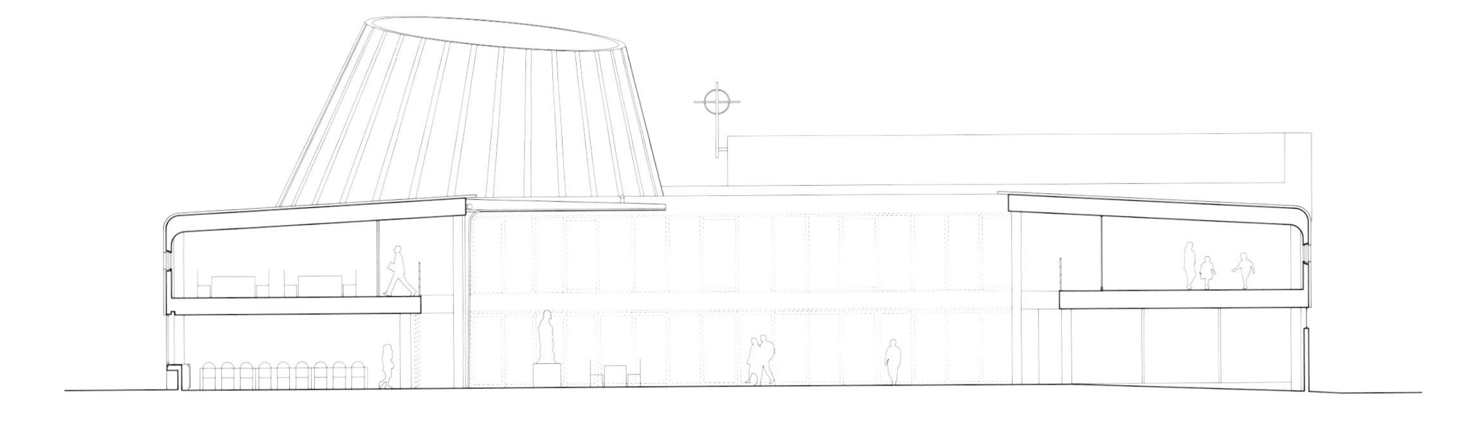

截面图AA

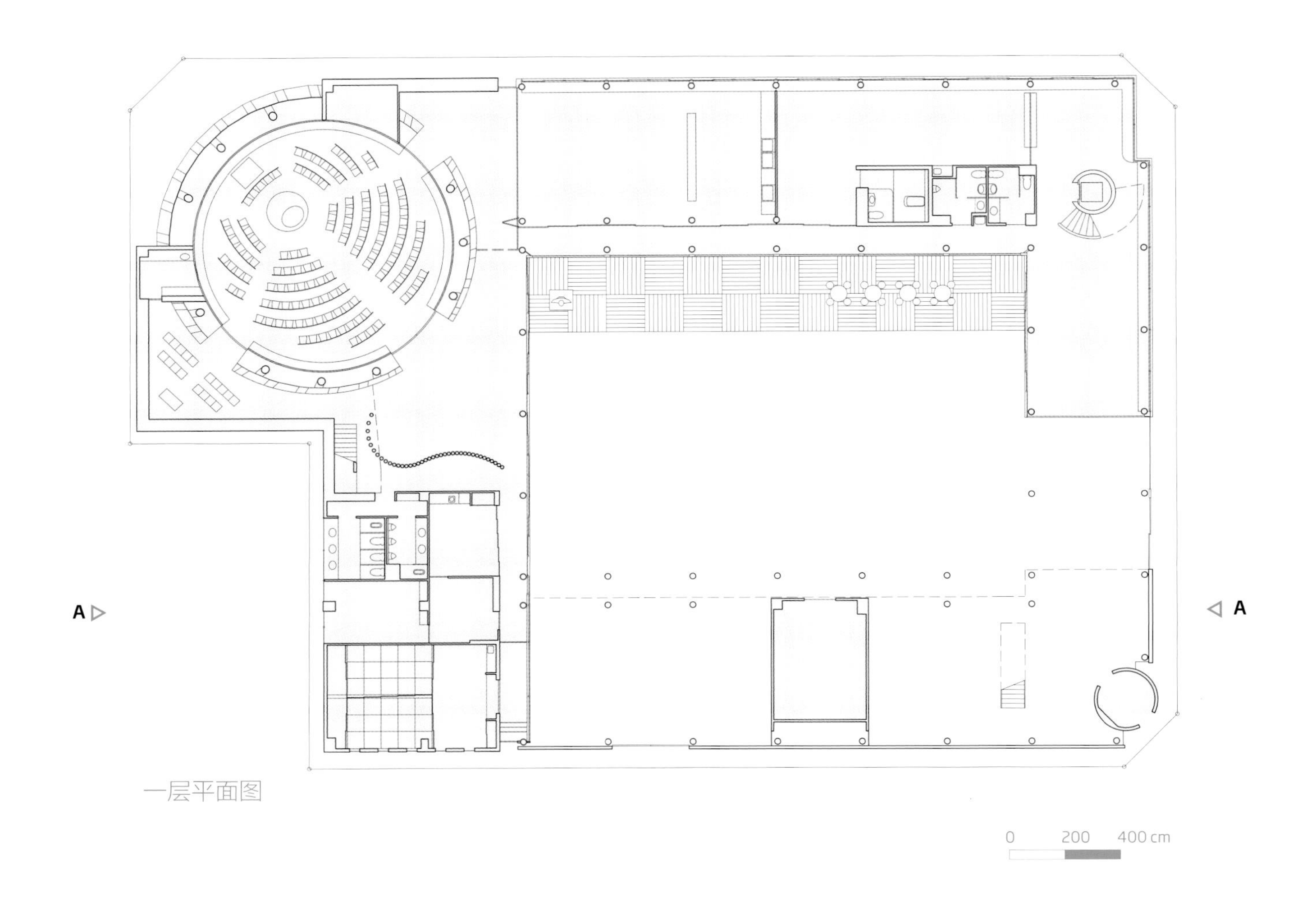

一层平面图

纸板教堂

地点: 新西兰克里斯特彻奇 **时间:** 2013年
结构: 纸板管、木料、钢材、混凝土、聚碳酸酯(屋顶)

2011 年 2 月，克里斯特彻奇发生了里氏 6.3 级地震，作为这座新西兰南岛城市象征的大教堂也遭到了严重的破坏。为了应对这一紧急情况，该市要求我们设计一座新的临时教堂。设计师采用等长度的纸管和长达 6 米的集装箱塑造了三角形的造型结构。由于这一几何造型是按照原来教堂的平面和立面设计的，因此每根纸管的倾斜角度都有着细微的变化。这座可以容纳 700 人的教堂可以举行各种活动以及音乐会。

2013 年 8 月，也就是大地震发生之后的两年半，这座纸板教堂终于落成开放。

OPEN

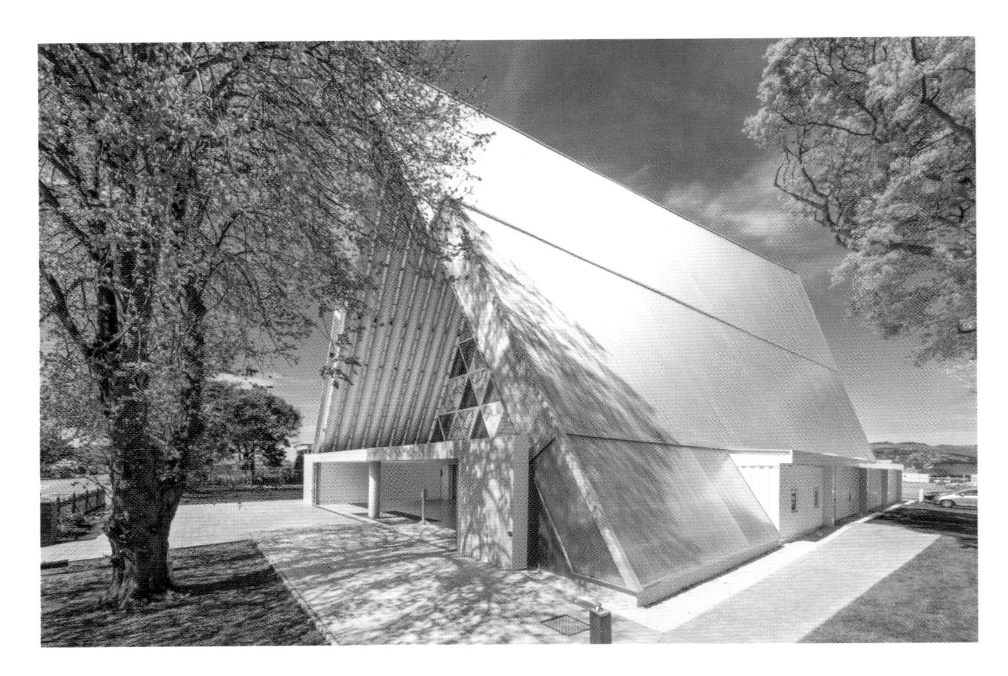

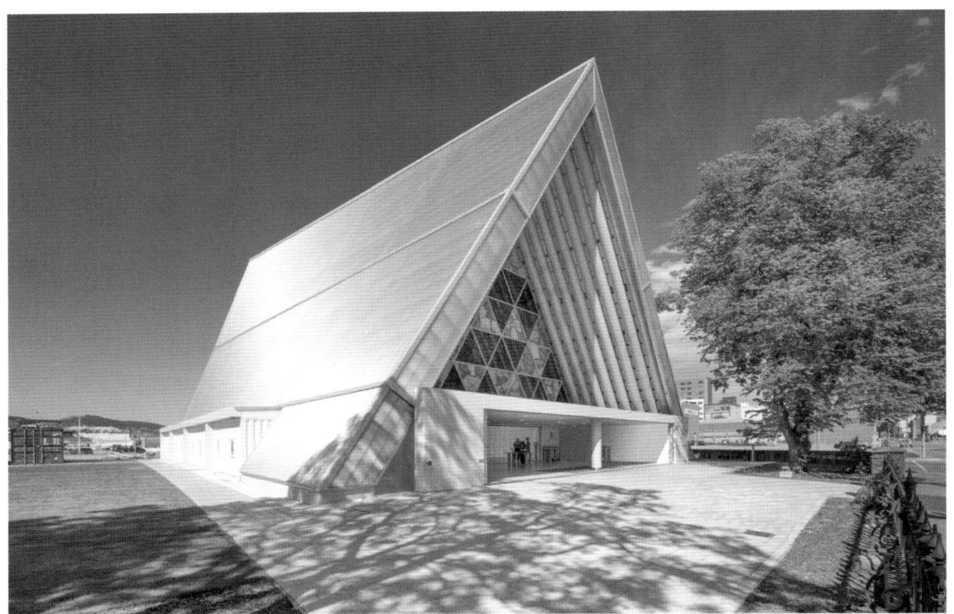

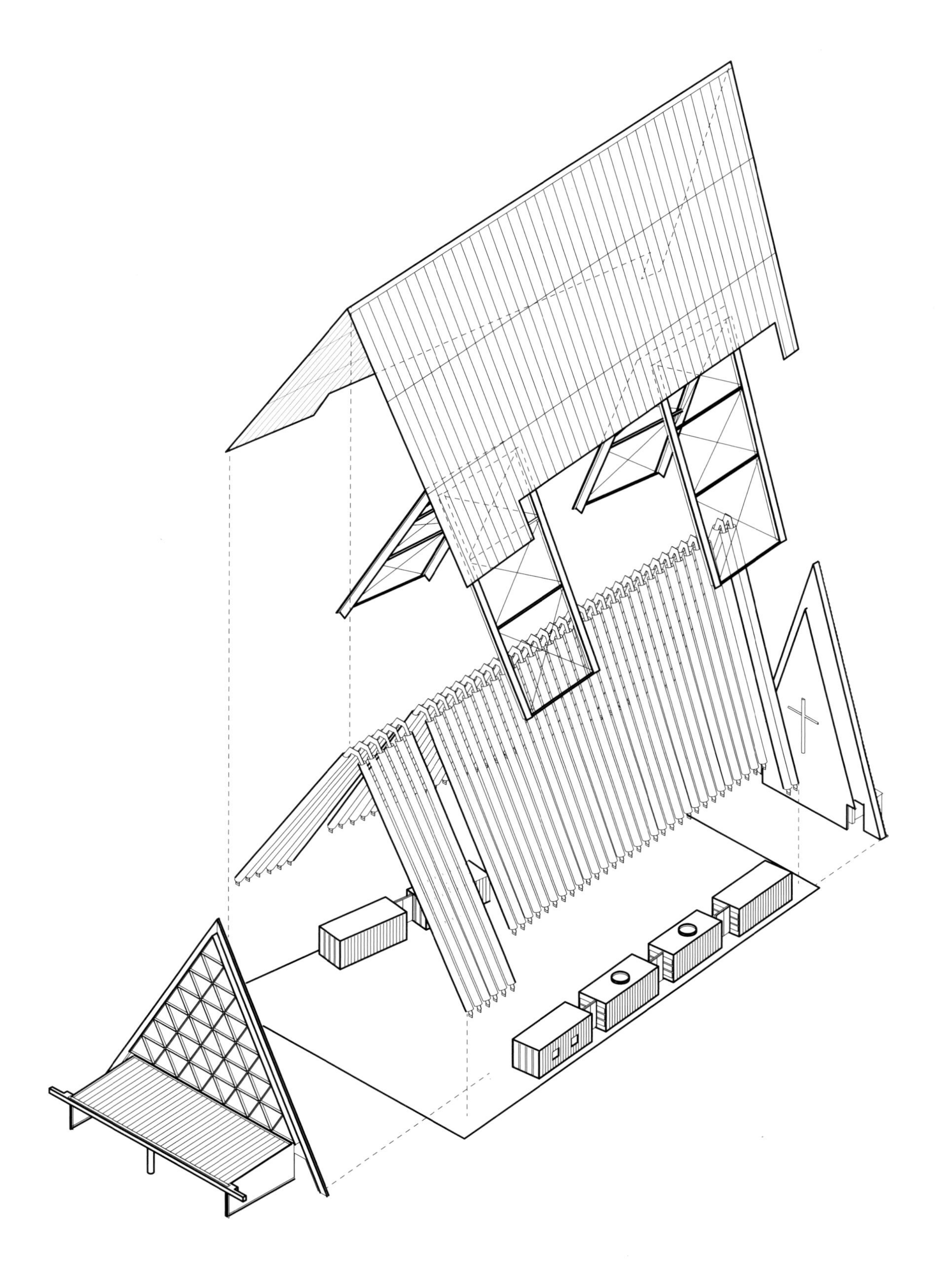

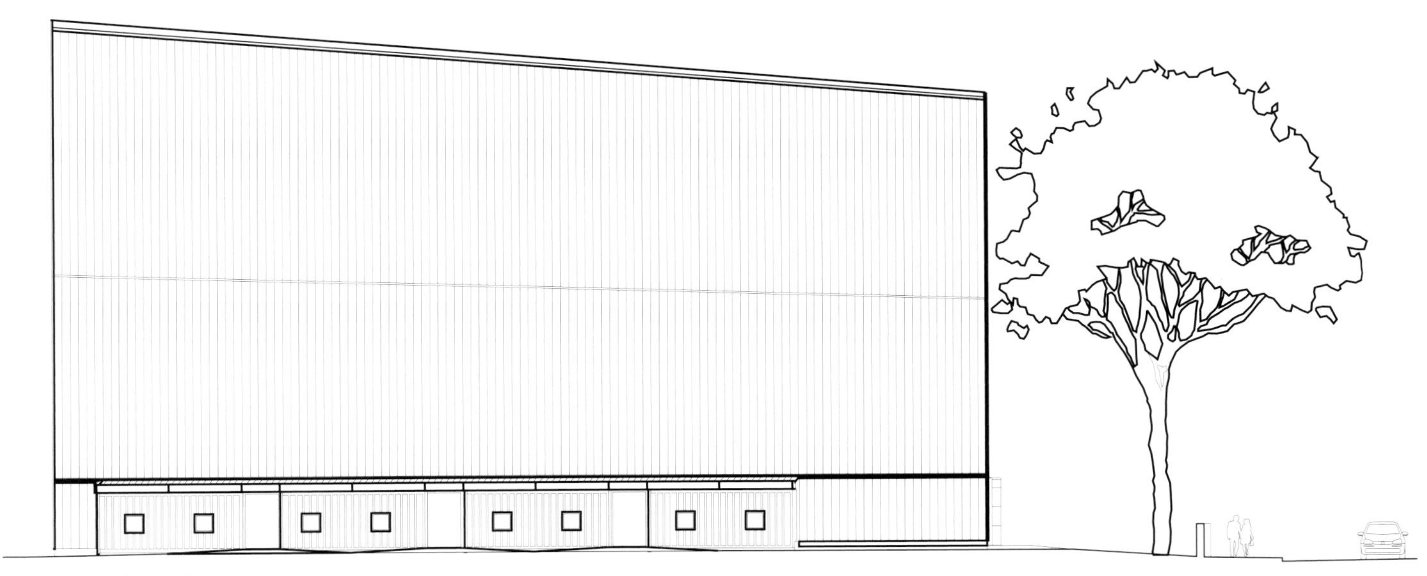

东侧立面图

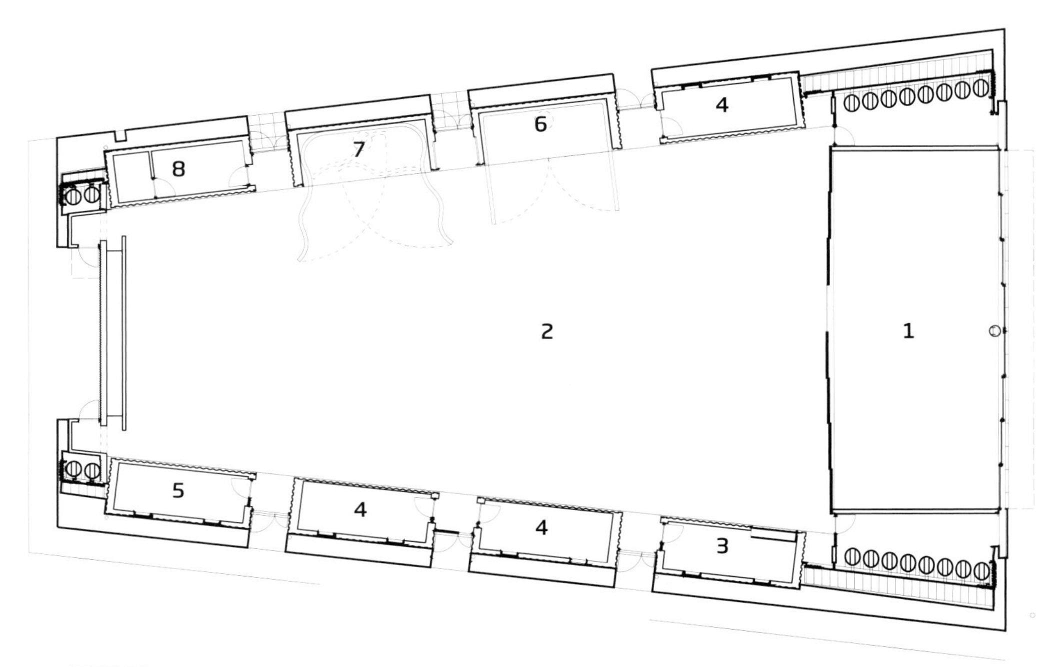

平面图
1. 门厅
2. 中殿
3. 厨房
4. 办公室
5. 圣器收藏室
6. 儿童礼拜堂
7. 纪念室
8. 储藏室

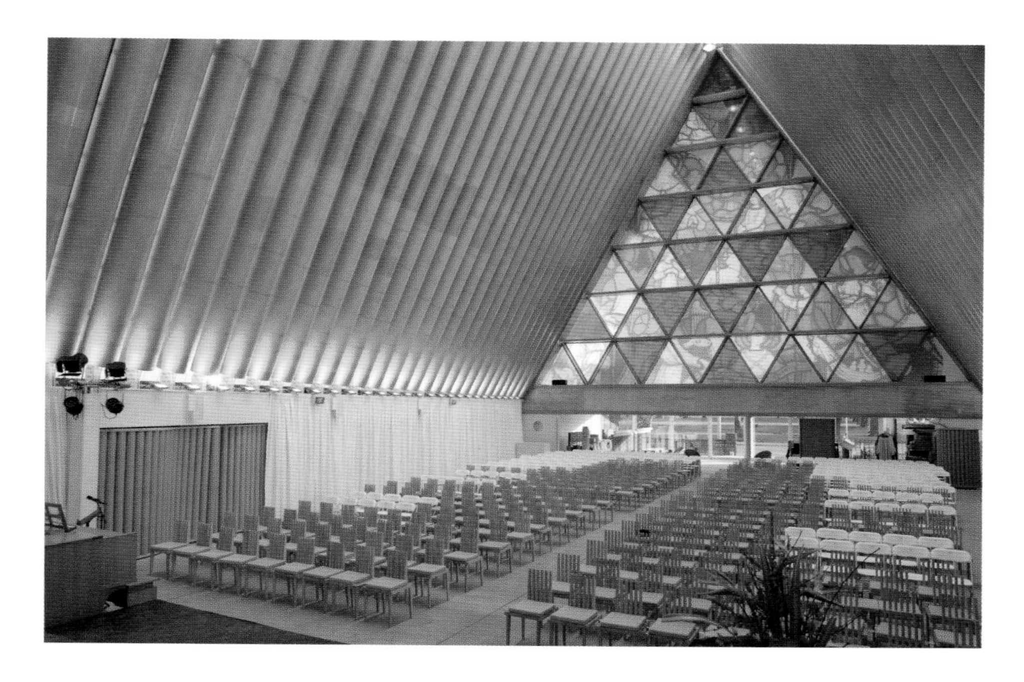

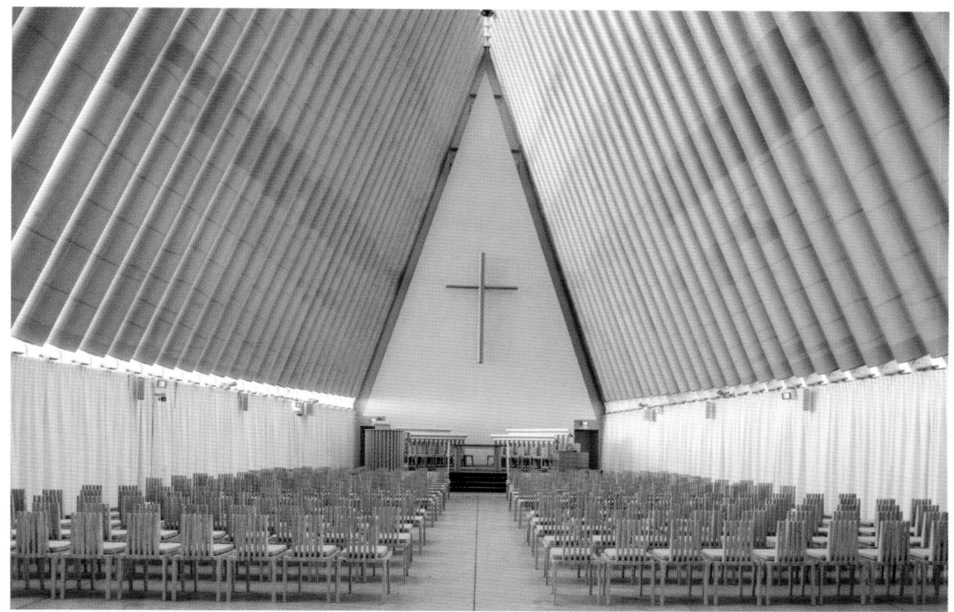

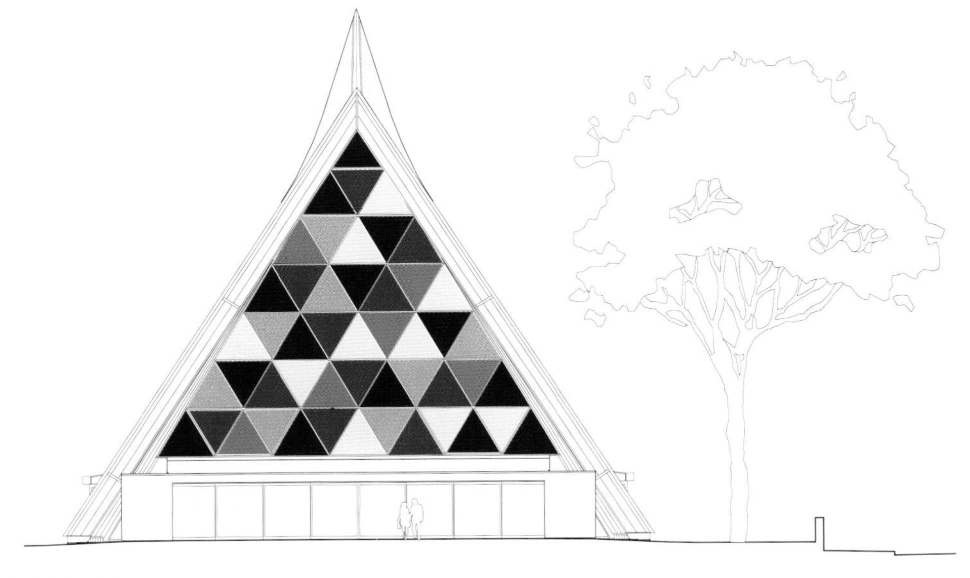

北侧立面图

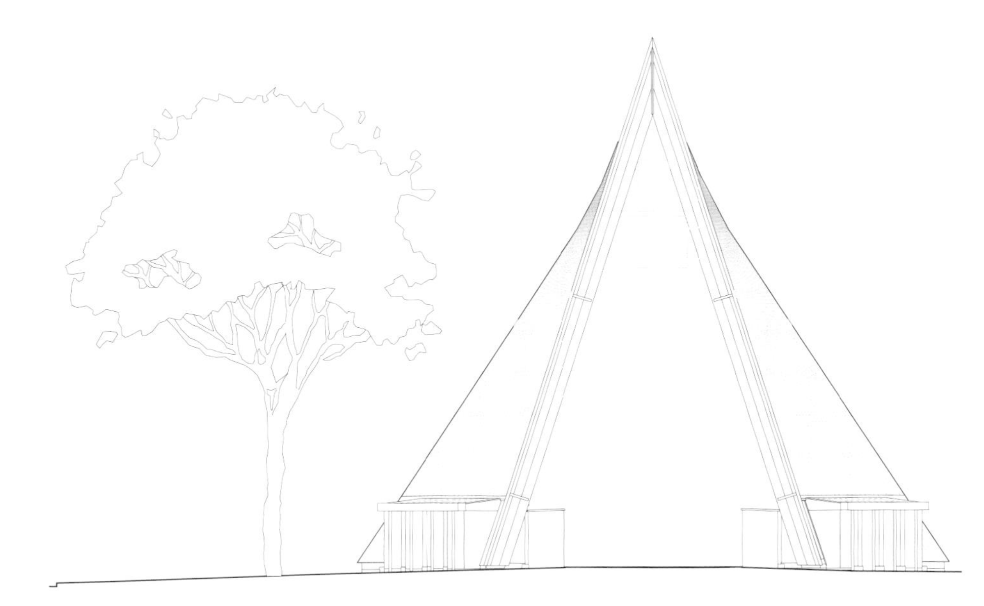

南侧立面图

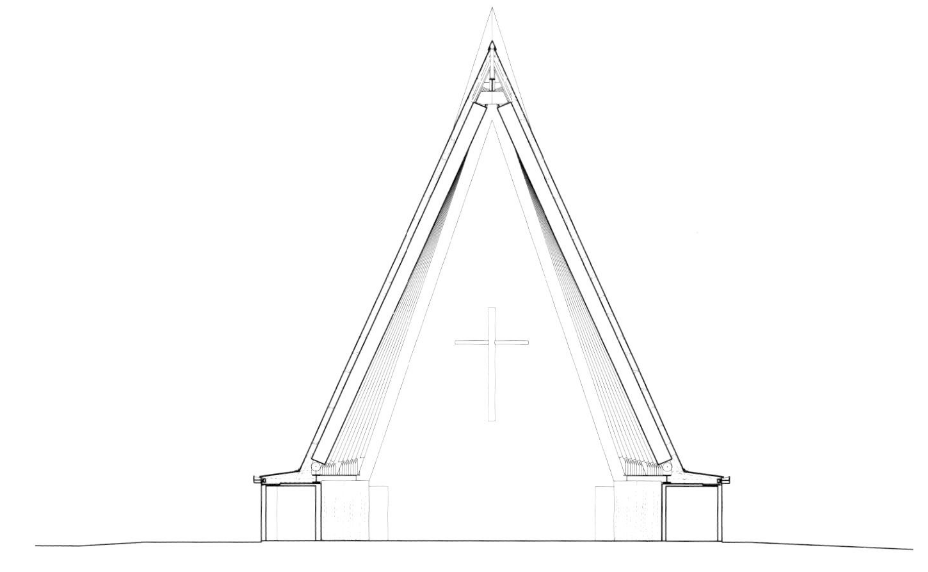

南侧短截面图

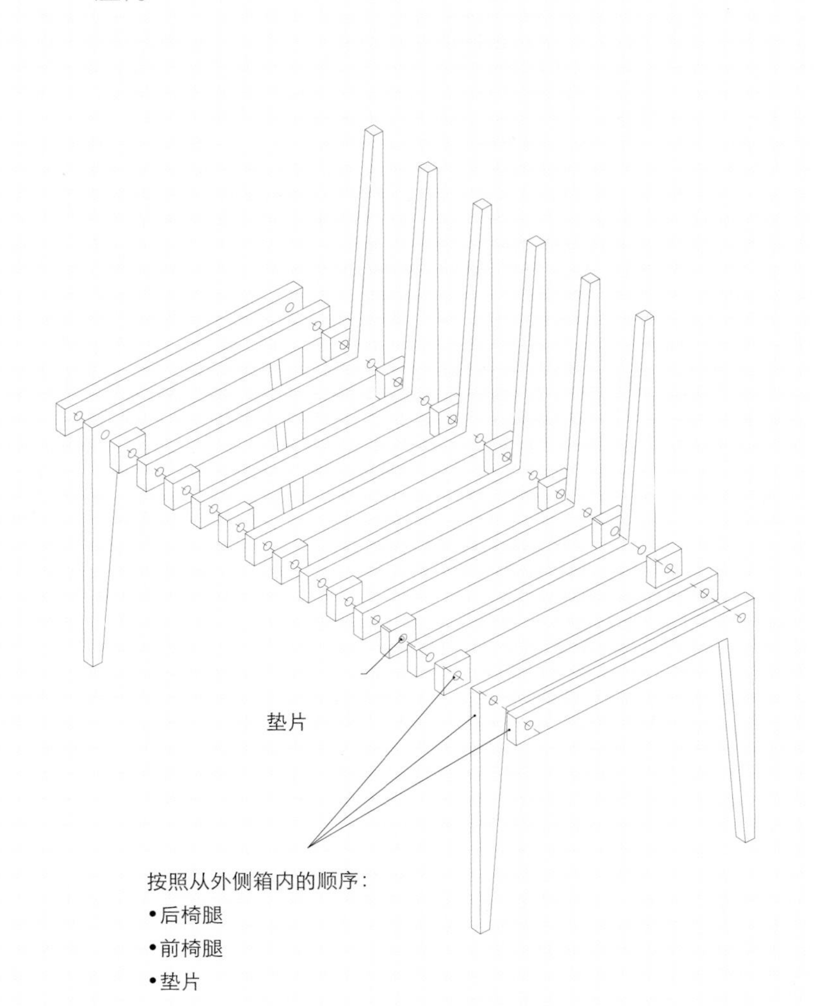
垫片
按照从外侧箱内的顺序：
•后椅腿
•前椅腿
•垫片

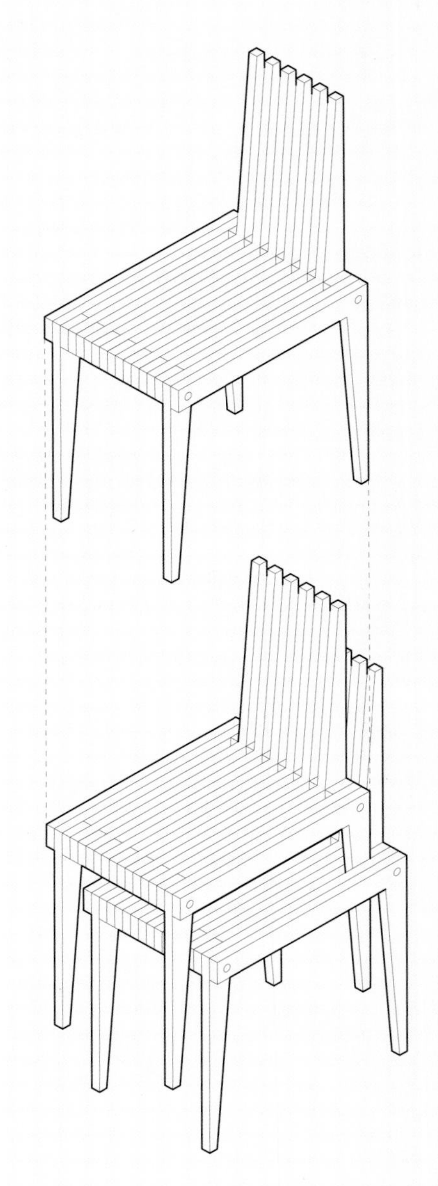

女川车站

地点: 日本宫城县女川 **时间:** 2015年 **结构工程师:** 星野建筑工程
机械工程师: 七股工程顾问公司 **总承包商:** 户田建设股份有限公司
建设时间: 2014年4月—2015年2月
建筑面积: 900平方米

与毁于 2011 年 3 月大地震和海啸的旧车站相比，新车站向靠近内陆的方向偏移了大约 150 米。新车站大楼高达三层，其中车站、零售店和候车区域设在一层，市政经营的温泉设施设在二层，第三层上设有一个观光的平台。

车站的屋顶仿佛一只展翅翱翔的大鸟，飞向光明的未来。这一设计象征着我们的思想以及对地震灾区重建工作的祈祷和祝福。

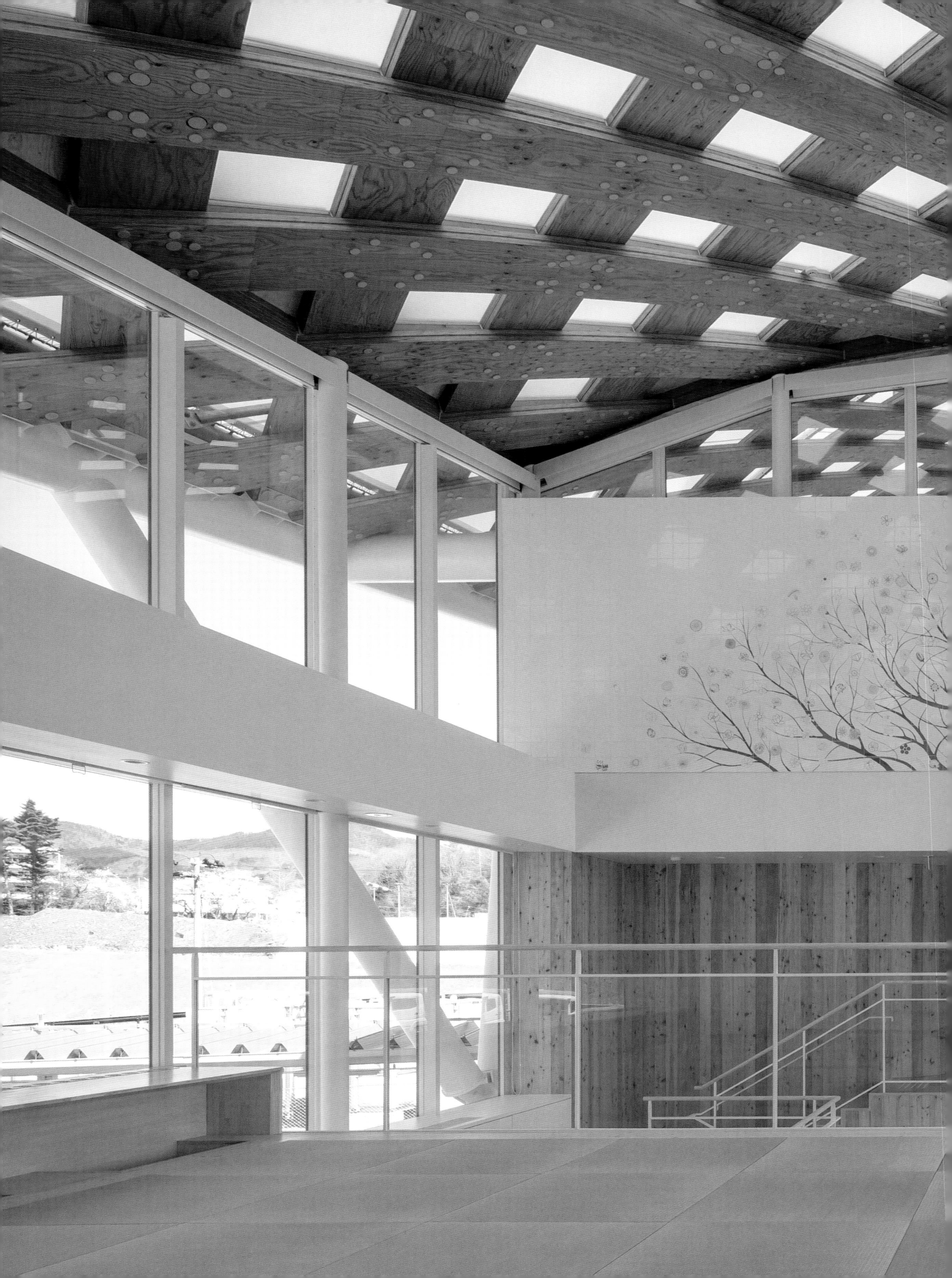

yupo'po

女川駅

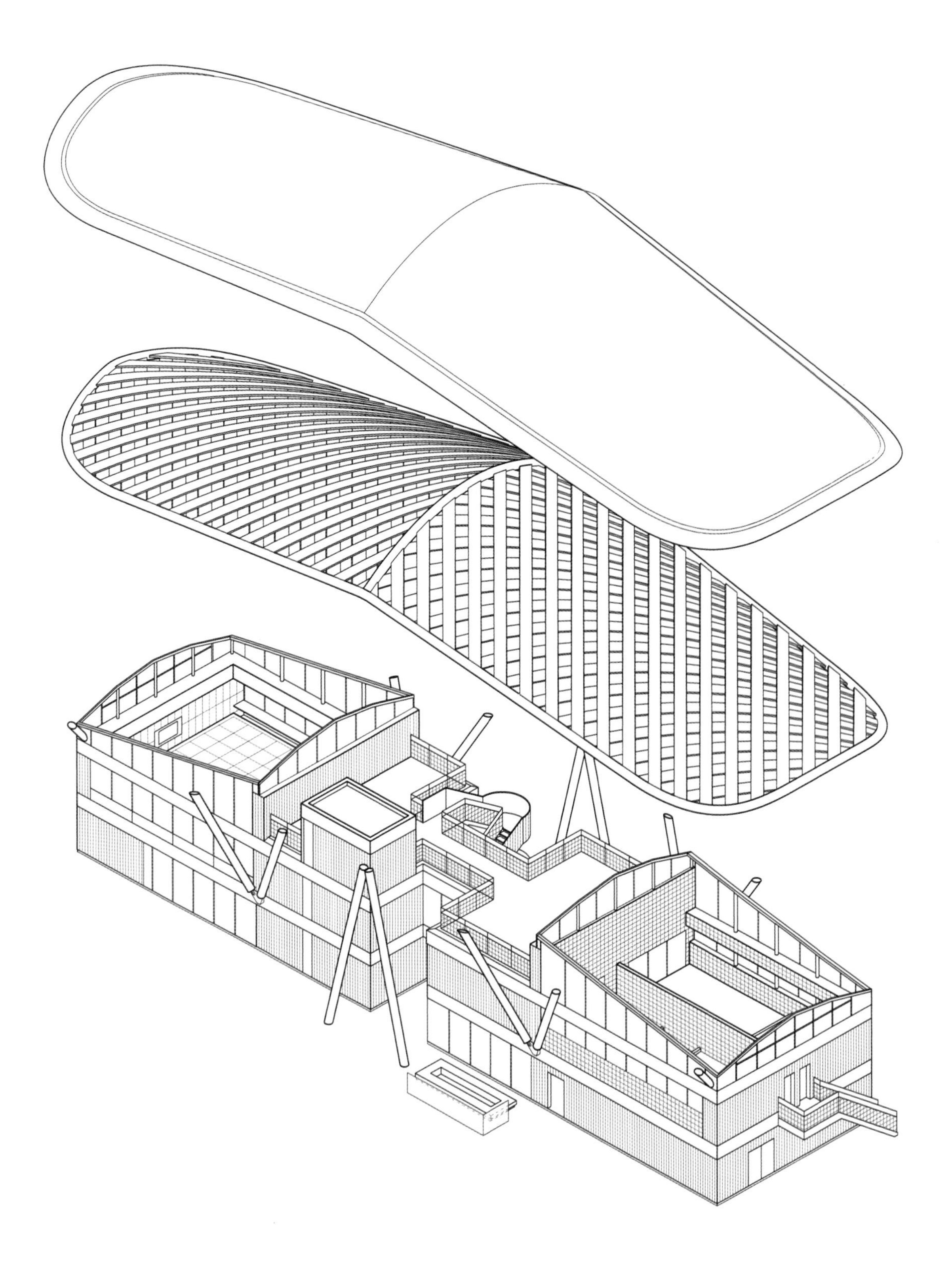

算所
are Adjustment

女
男

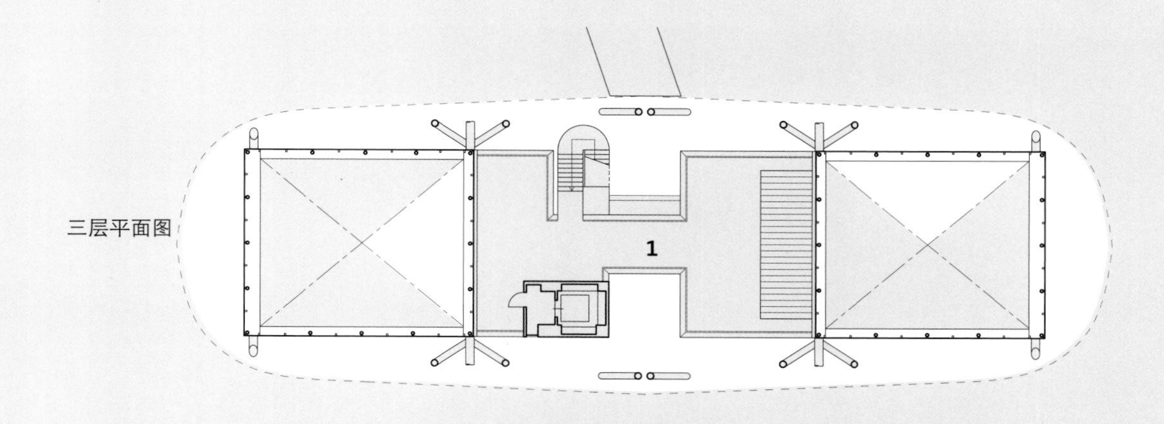

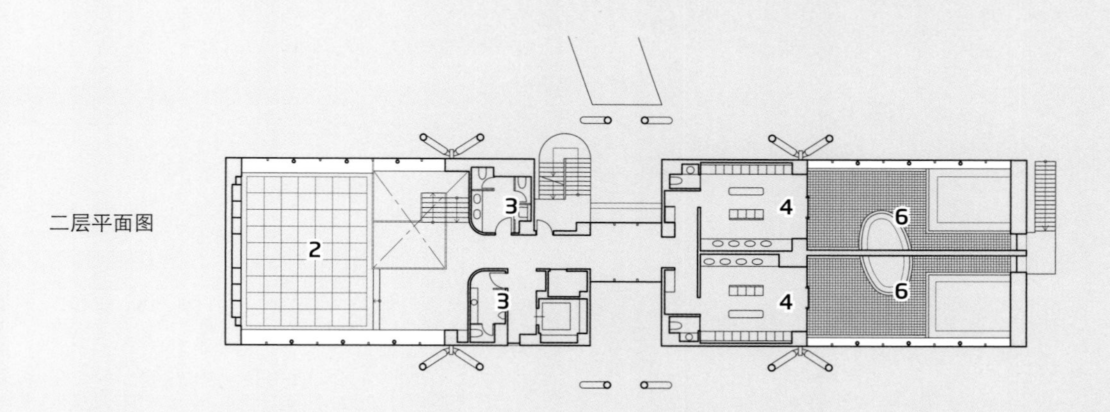

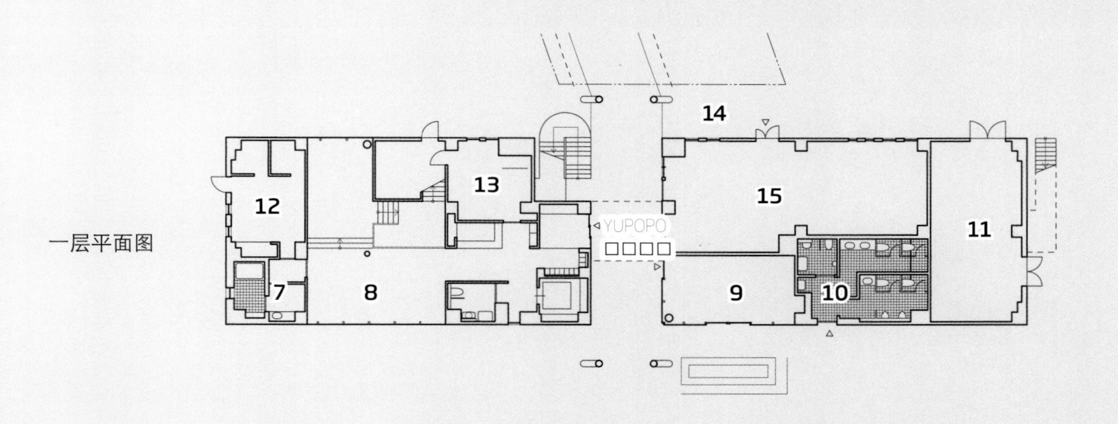

平面图
1. 观光层
2. 休息区域
3. 盥洗室
4. 仓库
5. 更衣室
6. 浴室
7. 家庭浴室
8. 画廊
9. 交流空间
10. 公共厕所
11. 机房
12. 会议室
13. 办公室
14. 足浴
15. 车站办公室

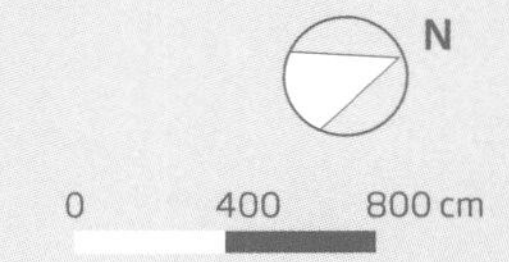

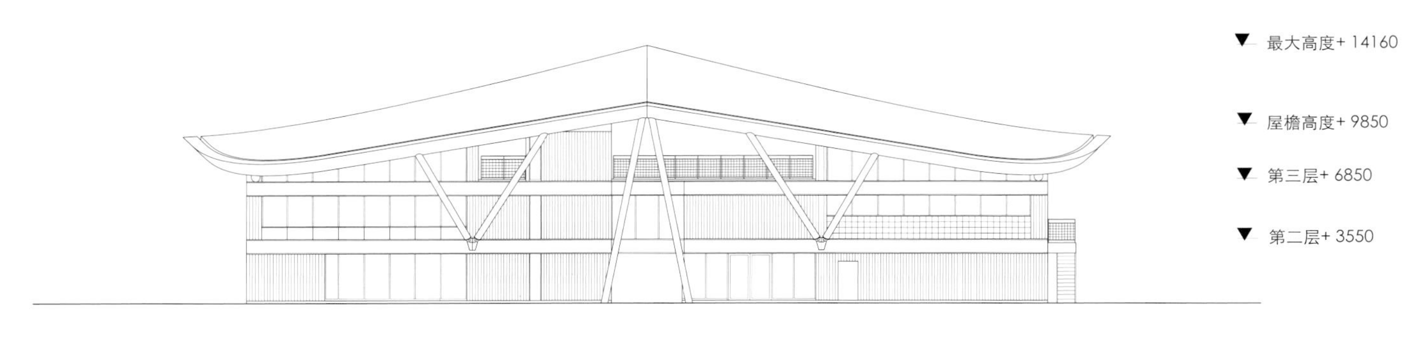

立面图

0 400 800 cm

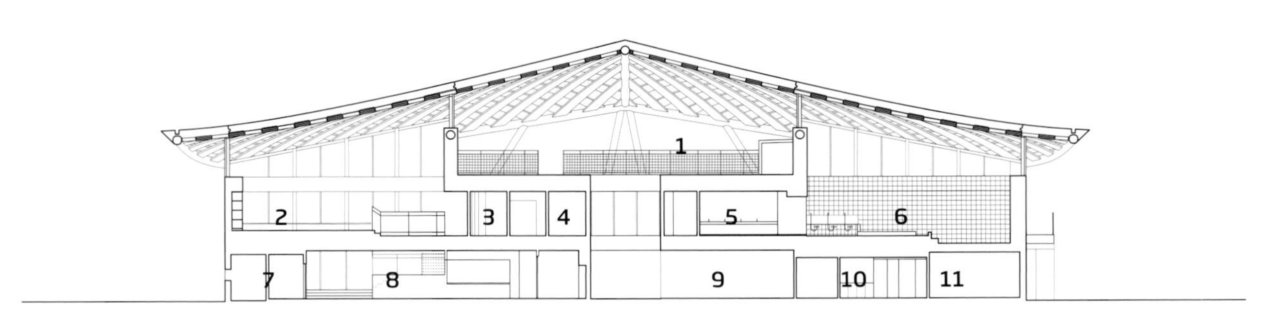

截面图
1. 观光层
2. 休息区域
3. 盥洗室
4. 仓库
5. 更衣室
6. 浴室
7. 家庭浴室
8. 画廊
9. 交流空间
10. 公共厕所
11. 机房

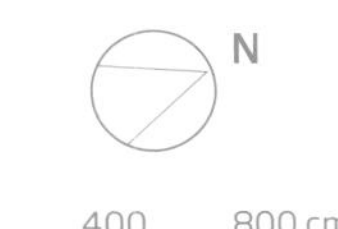

0 400 800 cm

塞纳河音乐剧场

地点: 法国巴黎布洛涅-比扬古 **时间:** 2017年 **项目团队:** 坂茂欧洲事务所、让·德·加斯汀纳建筑事务所、坂茂 **建筑事务所:** 菲利普·蒙特尔、尼古拉斯·格罗斯蒙德、杰弗洛伊·鲍彻、亚历山德罗·博尔德里尼、丸山正史、萨拉·拉萨林、艾米丽·弗里茨拉尔、亚历克西斯·德·迪马、马修·查普斯、帕特里克·阿兰
客户: 塞西尔·戴维南 **顾问:** SETEC TPI; Blumer-Lehmann AG; Artelia; dUCKS scéno; Lamoureux Acoustics; NagataAcoustics; RFR; T/E/S/S atelier d' ingénierie; Bassinet Turquin Paysage
总承包商: BouyguesBâtiment Ile-de-France—Thibaut Vieillard **项目经理:** 设计: 劳伦特·让—弗朗索瓦; 施工: 菲利普·蒙特尔、尼古拉斯·格罗斯蒙德、杰弗洛伊·鲍彻 **主要用途:** 古典音乐厅、多功能大厅、录音棚、零售店和餐馆 **占地面积:** 23000平方米 **建筑基底面积:** 16000平方米 **建筑面积:** 36500平方米

坂茂和让·德·加斯汀纳设计的塞纳河音乐剧场是巴黎西部瑟甘岛上的标志性建筑，同时体现出对当地环境和工业历史的尊重。它的曲线造型与该岛下游地段的形状相吻合。塞纳河音乐剧场与水中的倒影交相辉映，使音乐礼堂和木制船体结构仿佛漂浮在塞纳河上。一面巨大的船帆不仅起到了装饰作用，还安装了总面积超过了 1000 平方米的光伏电池板，并可以随着太阳的运动环绕着木格结构的主体建筑旋转。

塞纳河音乐剧场坐落在得天独厚的自然环境之中，因此也是一个给人带来幸福快乐的游览和漫步之地。建筑的内部空间是岛上公共空间的完美延续，并在一些地方与外部空间相通。

游客们可以走上外面的露台和通道，或是信步穿过面积达到 1700 平方米的门厅，门厅里还设有一个酒吧、若干乐器商店，并定期举办各种文化展览。在设计中，这个基础设施的功能品质得到了特殊的重视。

La colère me ronge le cœur.
Rien ne peut calmer ma fureur !

这里拥有 4000 个观众席位（或者包括站席在内可容纳 6000 名观众），整个大厅是为现代音乐而设计的，并得益于出众的多用途性，成为法国和欧洲非凡独特的音乐设施。由于采用了可伸缩坐席和全移动布景空间，这里将成为法国唯一能够在 48 小时之内连续举行 6 场不同演出的剧场。观众坐席的布局设计也确保了观众与舞台的亲密距离和最佳视线。

这里有一个 1150 座位的空间是专门为古典和现代音乐的现场演出设置的，虽然没有声音放大设备，但是通过设计保证了大厅出色的声效，在观众和音乐家之间创造了亲密的视觉和声效感受。礼堂的墙壁和天花板都覆盖了曲线造型的木质材料，增强了空间的音效品质。

人们可以通过巨大的悬吊式通道进入建筑的内部，在通道上还可以欣赏周边的全景风光。环绕在礼堂四周的大型楼梯形成了连贯的路径，将这些通道连接在一起。

斯沃琪欧米茄总部

地点: 瑞士比尔 **时间:** 建设中

该建筑是瑞士两家主要的制表商斯沃琪和欧米茄的园区扩建项目，位于比尔市的手表制造园区中部，这里将成为斯沃琪的新总部，并为欧米茄集团提供新的生产设施，以及额外的办公空间和一个博物馆。

斯沃琪的总部大楼将拥有一个木制的网格外壳结构，构成了充满动感和活力的造型。而欧米茄的大楼则显得更为保守和正式，采用了纵横交错的柱梁结构。两座建筑都体现出各自的企业文化、精神和身份认同。

Swatch

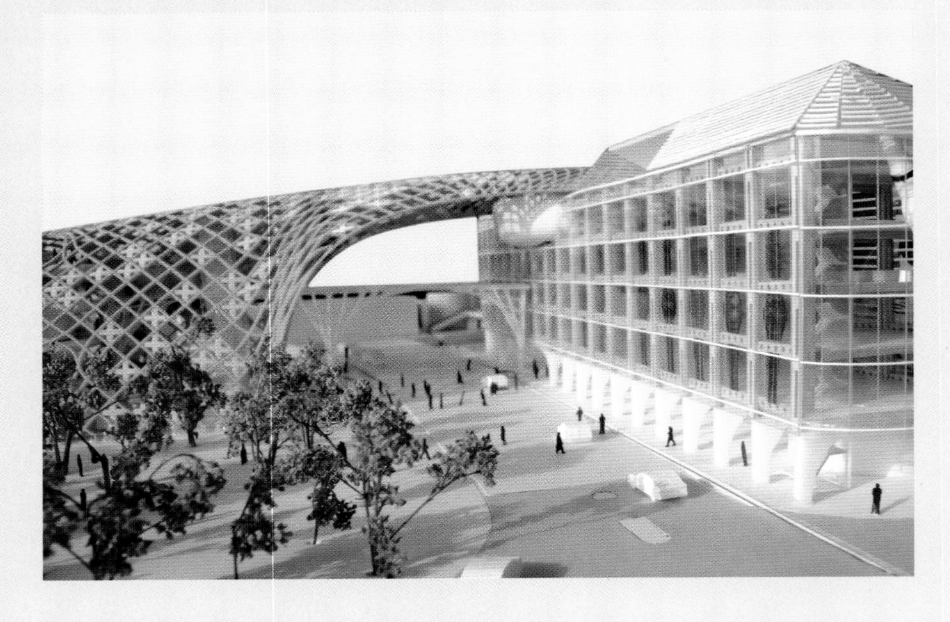

Swatch

台南美术博物馆

地点: 中国台湾台南 **时间:** 建设中 **占地面积:** 24503平方米
建筑面积: 19071平方米

该项目位于古代的中国台湾首府——台南市的中心地带，那里集中了众多的商家和文化机构。坂茂在公开竞争中赢得了这个艺术博物馆项目，它将建立在为周边区域服务的原有地下停车场的顶部。由于这个建筑密集的地区缺乏公园和为市民服务的放松娱乐空间，因此坂茂构思了这种将建筑与公园相结合的建筑类型。

建筑的设计灵感来自丹麦的路易斯安那博物馆，那里成群的展厅分布在美丽的自然景观之中。但是这里的用地更为紧张，使这一构思面临着巨大挑战。另一方面，与凯文·罗奇的奥克兰博物馆不同的是，那里的公园位于博物馆的顶部。台南博物馆的设计理念演变为一种新的建筑类型学，艺术博物馆和公园内的活动不再彼此分离，而是彼此融为一体。使博物馆的参观者可以自由进入公园，或者使公园的游客无意间便进入博物馆的内部尽情观赏。大小不同的展厅错落有致地彼此堆叠在一起，在每个展厅的顶部创建了相互连通的公园空间。而相邻展厅之间的空间则形成了博物馆的入口。

如果一个建筑采用正方形结构，它的方向感和正面给人的感受都会很强烈，尤其是在这一项目中。因此，设计师受到象征着台南的五瓣凤凰花的启发，创建了一个巨大的五角形框架，将所有的方形展厅覆盖在下方。由于五角形的框架结构朝向所有方向，从而削弱了

虎

台湾藝術博覧会
台湾藝術博覧会
ART DECO

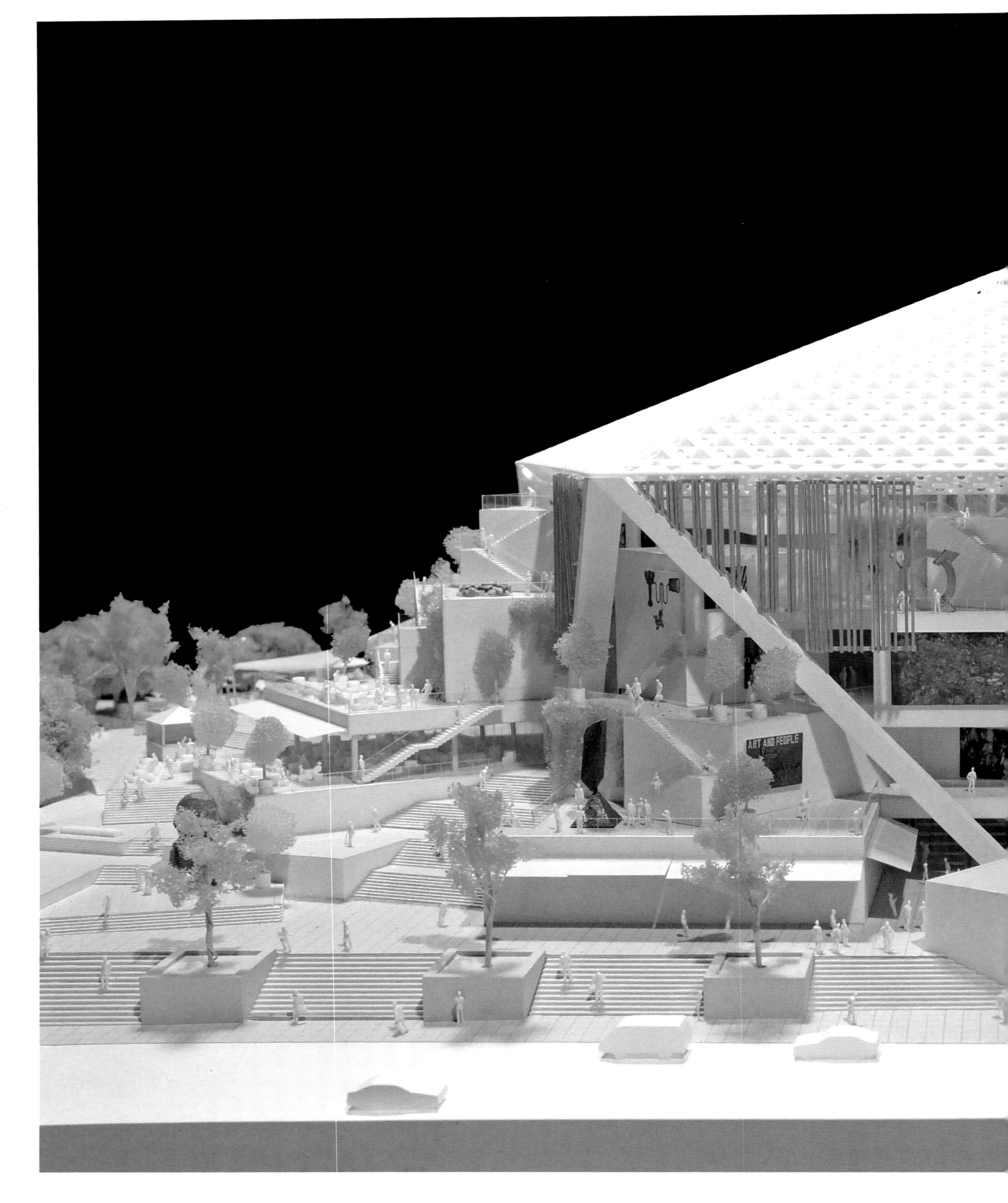
ART AND PEOPLE

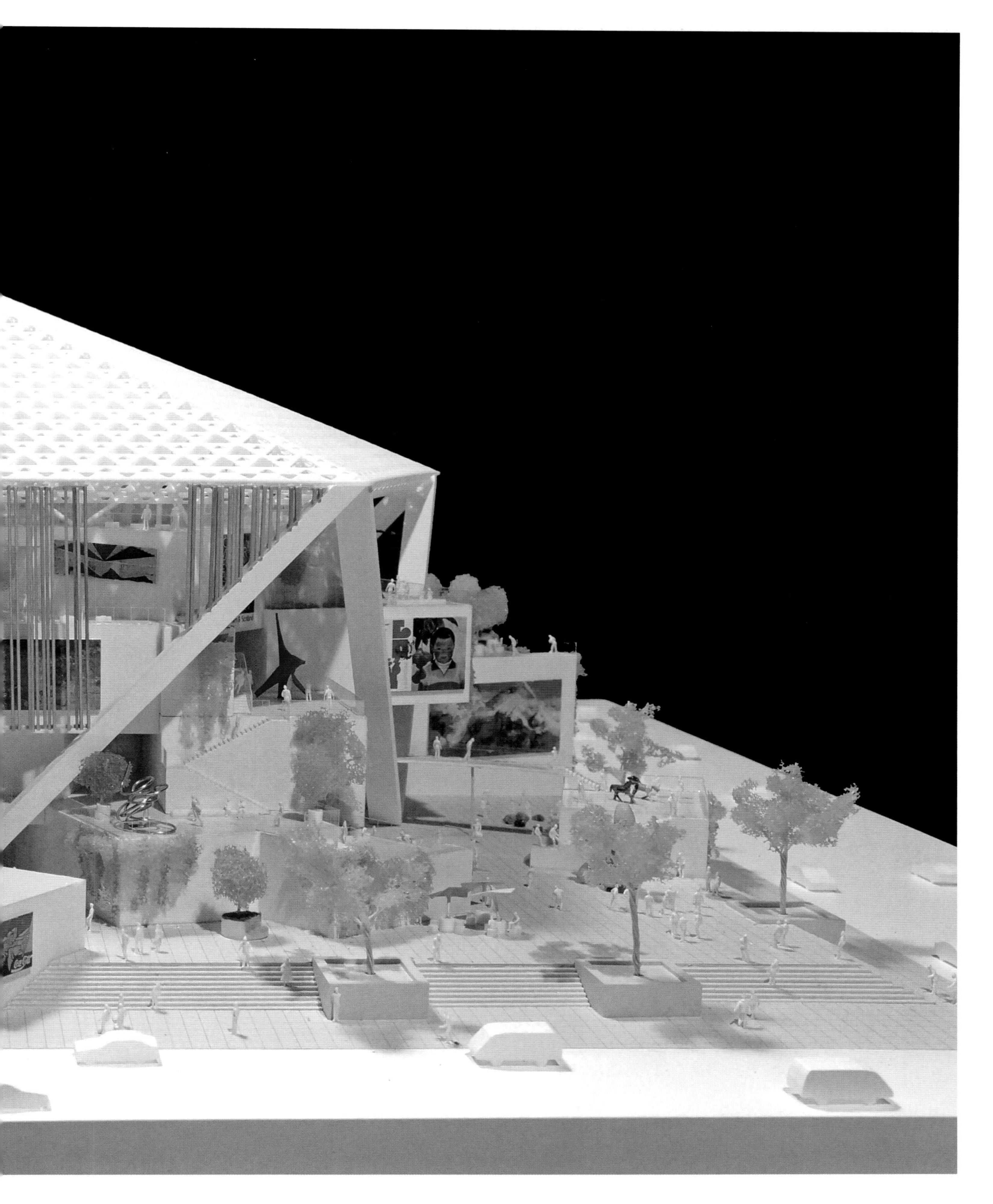

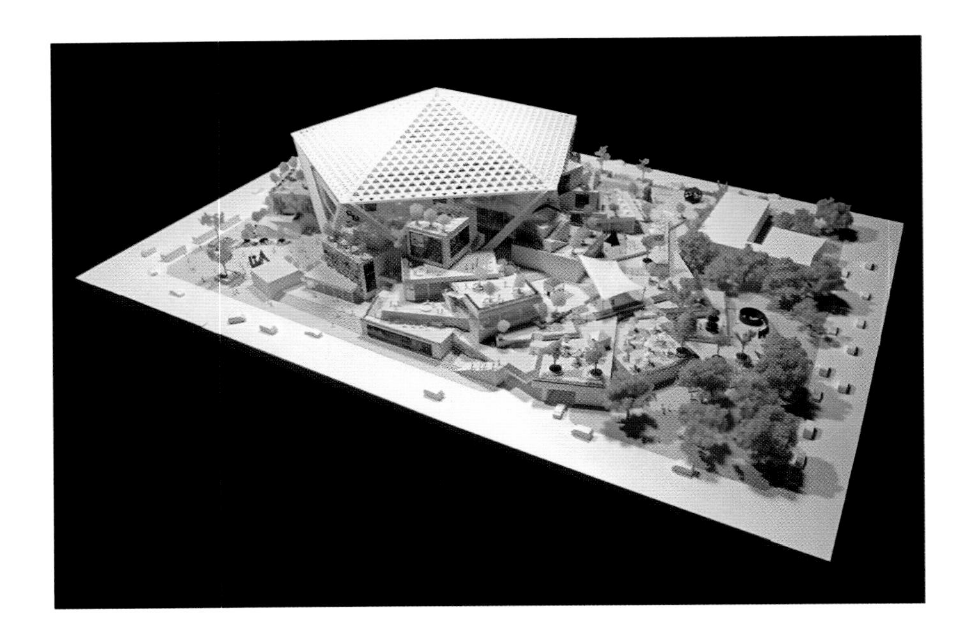

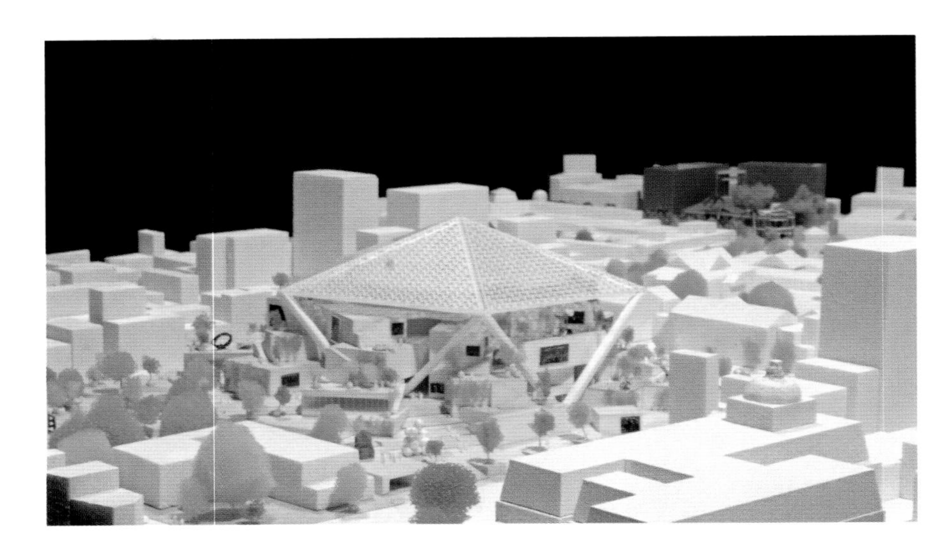

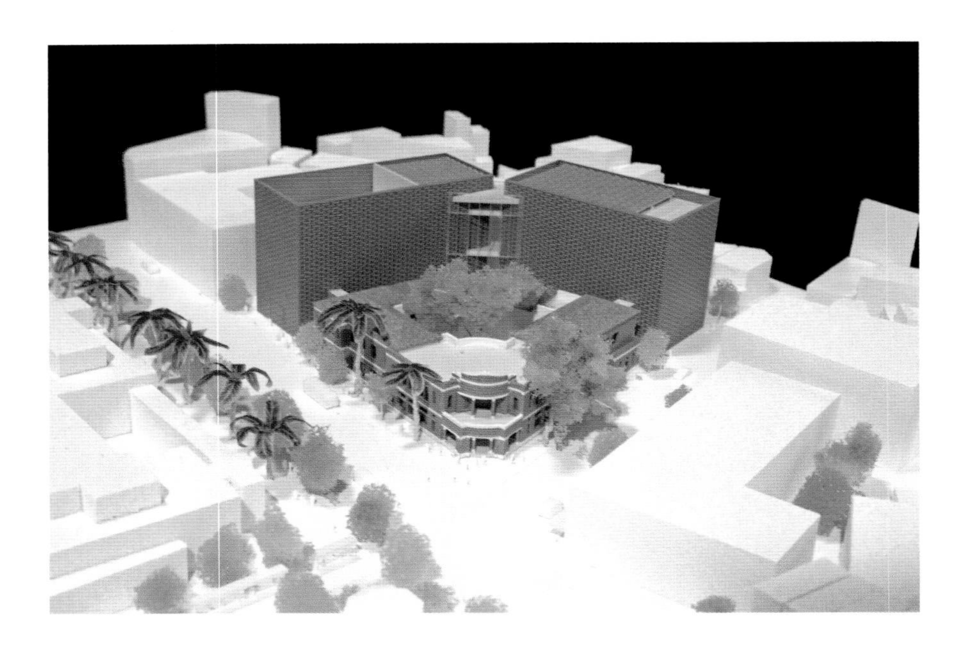

建筑正面给人的强烈感受，也让游客可以从各个方向选择进入的路径。考虑到台南地区全年的日光辐射都比较强烈，为了创建整个建筑的遮阳功能，我们与京都大学的酒井智史教授共同开发了“分形阴影”技术。坂茂最初设计了一个塑料结构的分形阴影棚架，通过与酒井智史教授的合作，我们正在开发大规模的金属结构棚架，为整个建筑提供遮阳功能。

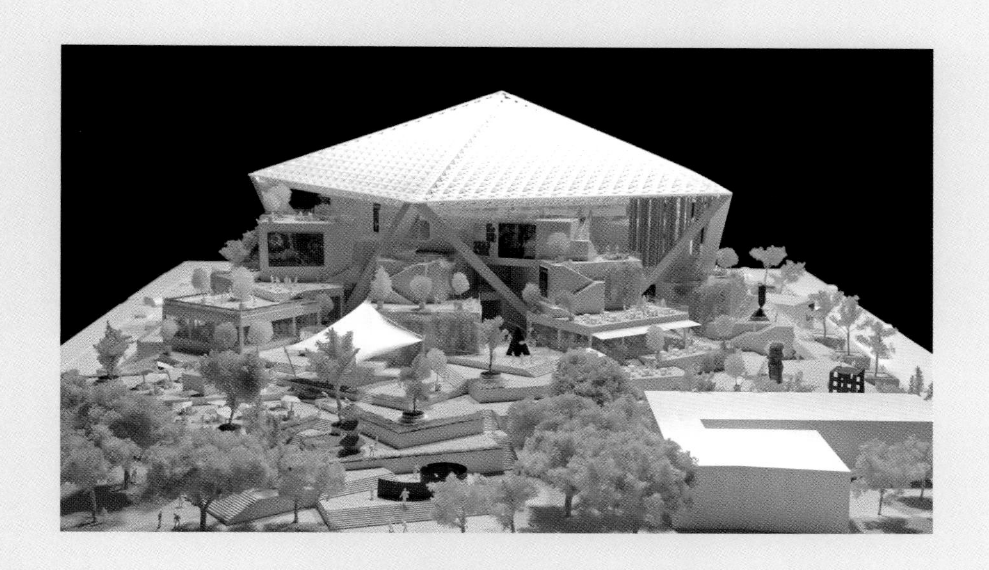

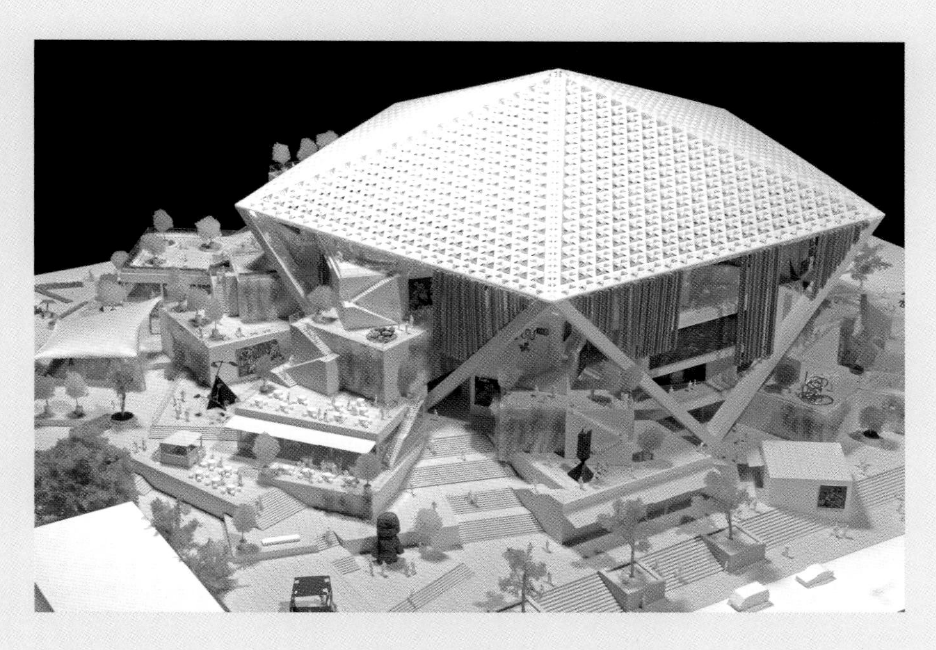

住宅方法

2/5住宅

地点: 日本兵库县西宫 **时间:** 1995年 **项目团队:** 坂茂、中川孝
结构工程师: 星野建筑工程 **机械工程师:** ES公司
总承包商: 松本公司 **主要用途:** 住宅 **设计时间:** 1991年2月—1994年3月 **建设时间:** 1994年5月—1995年8月 **占地面积:** 511平方米
建筑面积: 507平方米 **结构:** 钢筋混凝土和钢架

这座长 25 米、宽 15 米的矩形平面布局住宅被划分为 5 个区域，每个区域长 15 米、宽 5 米。从南面开始，这些区域分别为前部花园、室内空间、中心庭院、室内空间和后部花园。住宅的东西两侧是高达两层的混凝土界墙。

为了创建 2/5 住宅（包含 5 个区域的 2 个楼层）的第一层空间，封闭的立方体玻璃结构空间被放置在第二层（与密斯·凡·德·罗设计的范斯沃斯住宅相似）。在其下形成的空间具有鲜明的日本风格，在视觉上和实体结构上将内部和外部空间连接在一起。而密斯的作品只是在视觉上实现了空间的连通性。住宅的第一层是一个“通用楼层”——设置了各种功能元素的统一空间。同时，通过设在室内外边界处的滑动拉门，以及可以手动操作的帐篷屋顶，这个空间可以随时形成封闭或者开放的状态。

临街一侧的幕墙是由弯曲的多孔铝材建造的，并向上折叠形成了手风琴造型的车库门。住宅北侧的 PVC 水槽形成了网状结构，并悬挂了栽植容器，构成了厚实密致的绿色屏障，保证了室内的私密性。

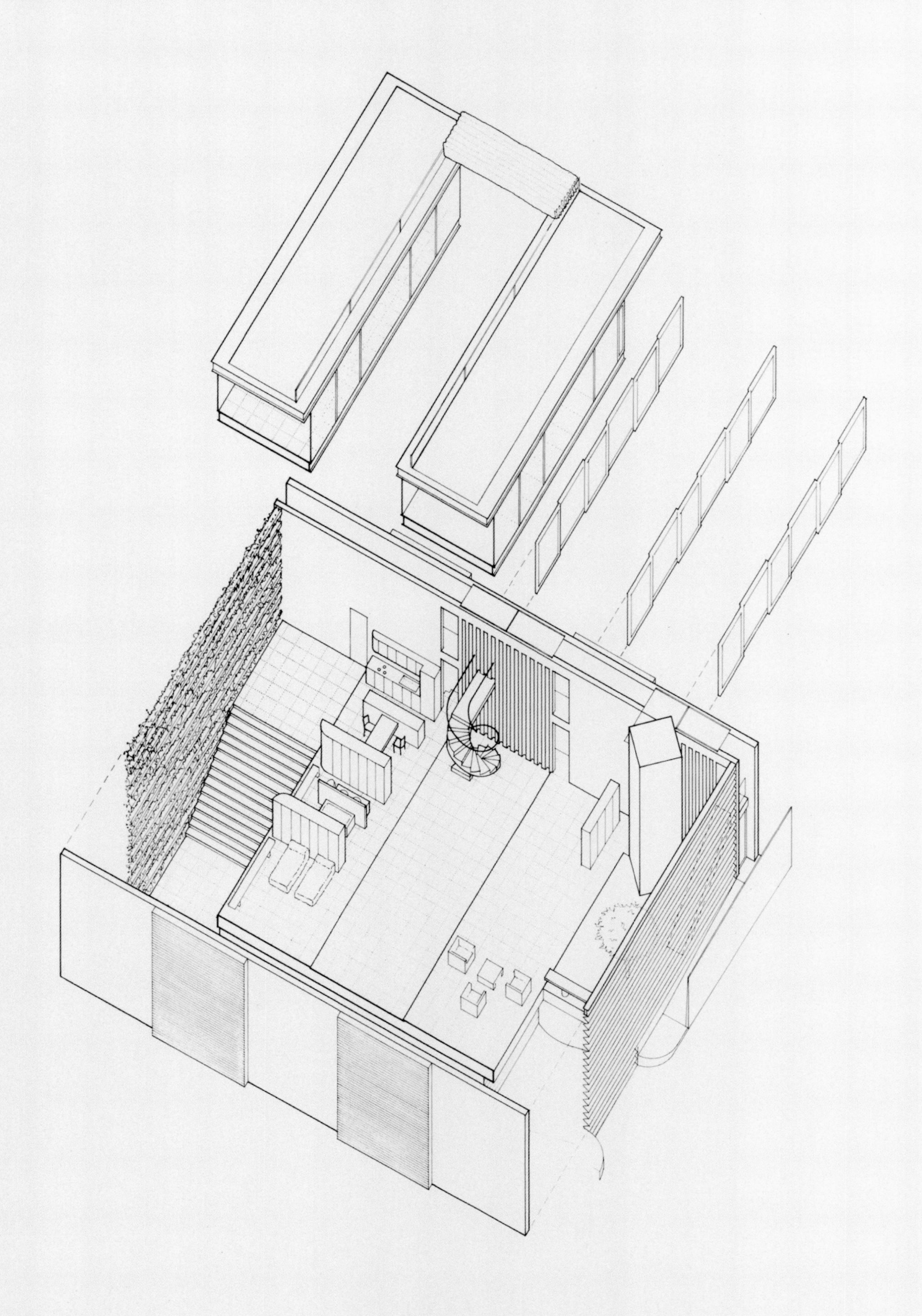

截面图

平面图
第二层

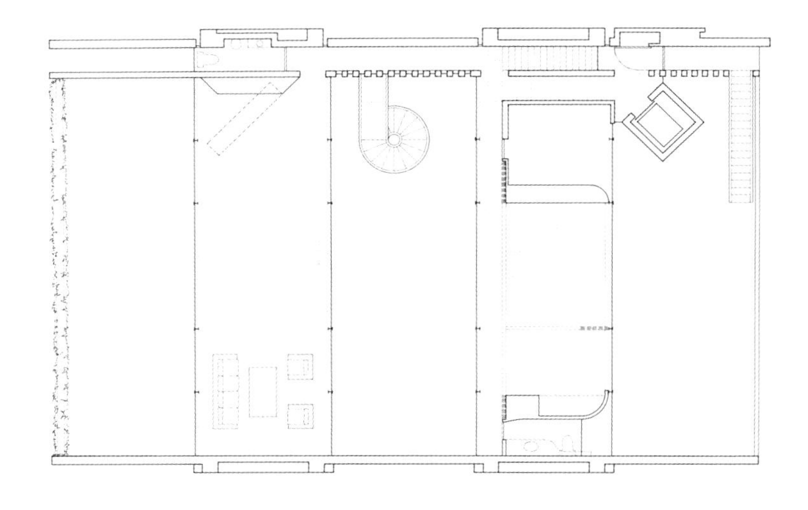

第一层

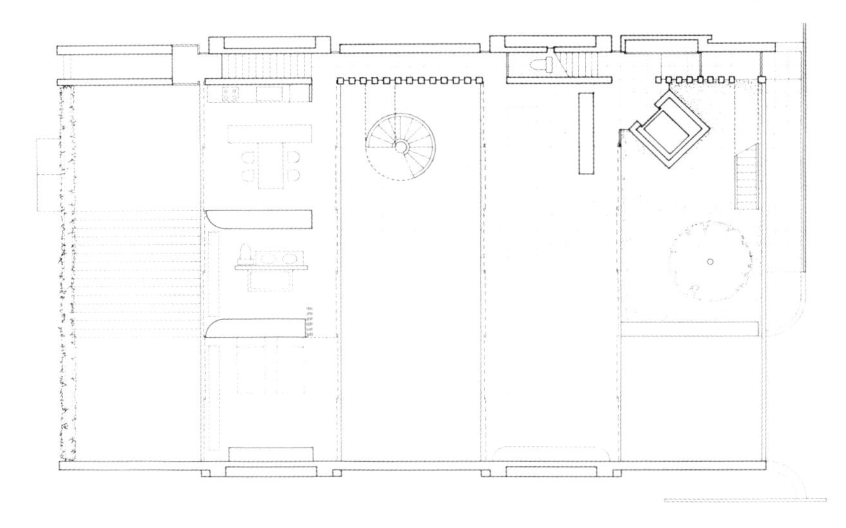

地下室

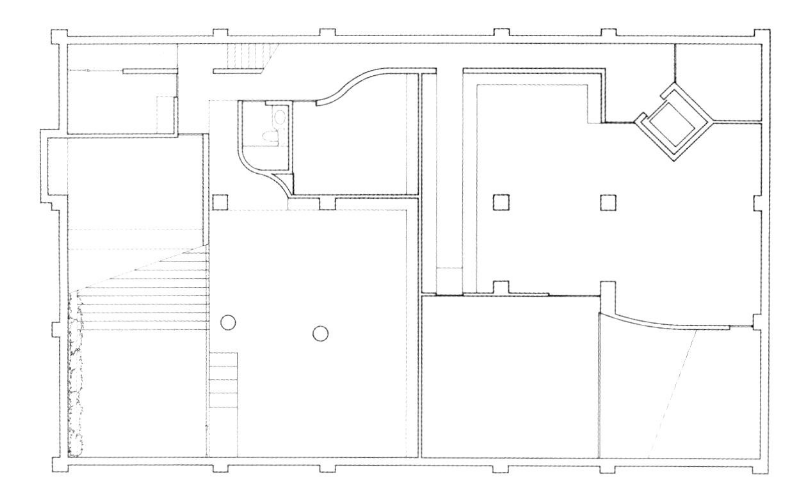

山中湖的纸房子

地点：日本兵库县西宫 **时间：**1995年 **项目团队：**坂茂、中川孝
结构工程师：星野建筑工程 **机械工程师：**ES公司
总承包商：松本公司 **主要用途：**住宅 **设计时间：**1991年2月—1994年3月
建设时间：1994年5月—1995年8月 **占地面积：**511平方米
建筑面积：507平方米 **结构：**钢筋混凝土和钢架

在一个边长为 10 米的正方形地面上，110 根高达 2.7 米、直径 28 厘米、壁厚 1.5 厘米的纸管以 S 形排列在一起，定义出生活区域，通过曲面和四周的平面构成了住宅的内部和外部空间。

该项目是第一个得到授权的、以纸管作为建筑材料建造的永久型住宅。在这些纸管中，10 根承担着垂直载荷，80 根用来承受侧向力。立柱底部的十字形木制接头被牢牢地固定在地基上，上面的纸管通过无头小螺钉进行固定，仿佛地面上伸出的悬臂结构。由 80 根纸管围成的大圆圈形成了室内的生活区域，四周被走廊环绕。在走廊里有一根直径为 1.2 米的独立纸管立柱，其内部是厕所的空间。纸管围成的较小圆圈内包含了一个浴室和一个小庭院。

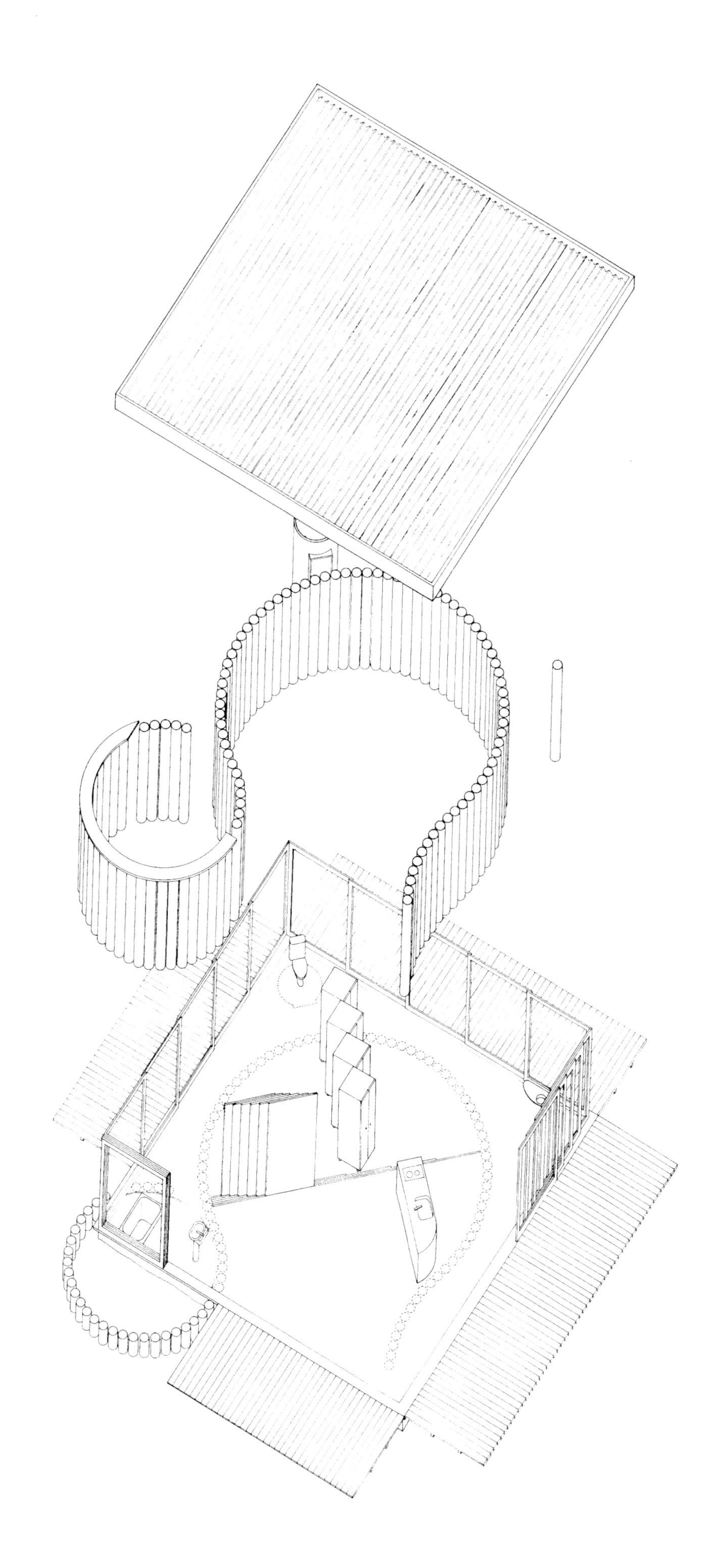

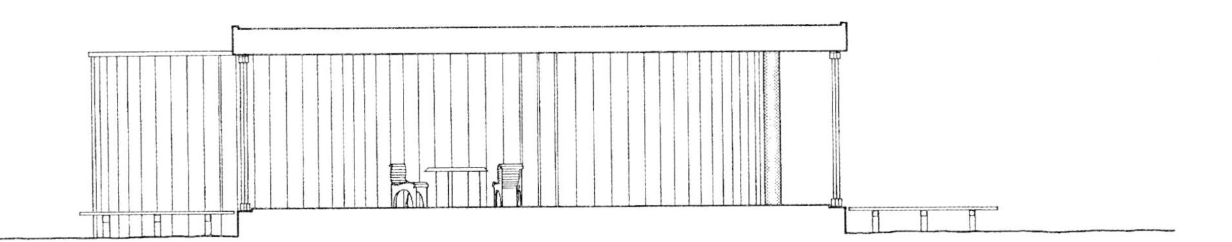

室外的纸管在主体结构之外围成了一个庭院,并起到了幕墙的作用。大圆圈内的生活区域是一个通用的空间,除了一个独立的厨房柜台、滑动拉门和可移动壁橱之外没有任何家具。当住宅外围的窗扇完全打开后，由纸管柱廊支撑的水平屋顶看起来就显得更加突出，并在环绕的走廊空间和室外露台之间创造了空间的连惯性。

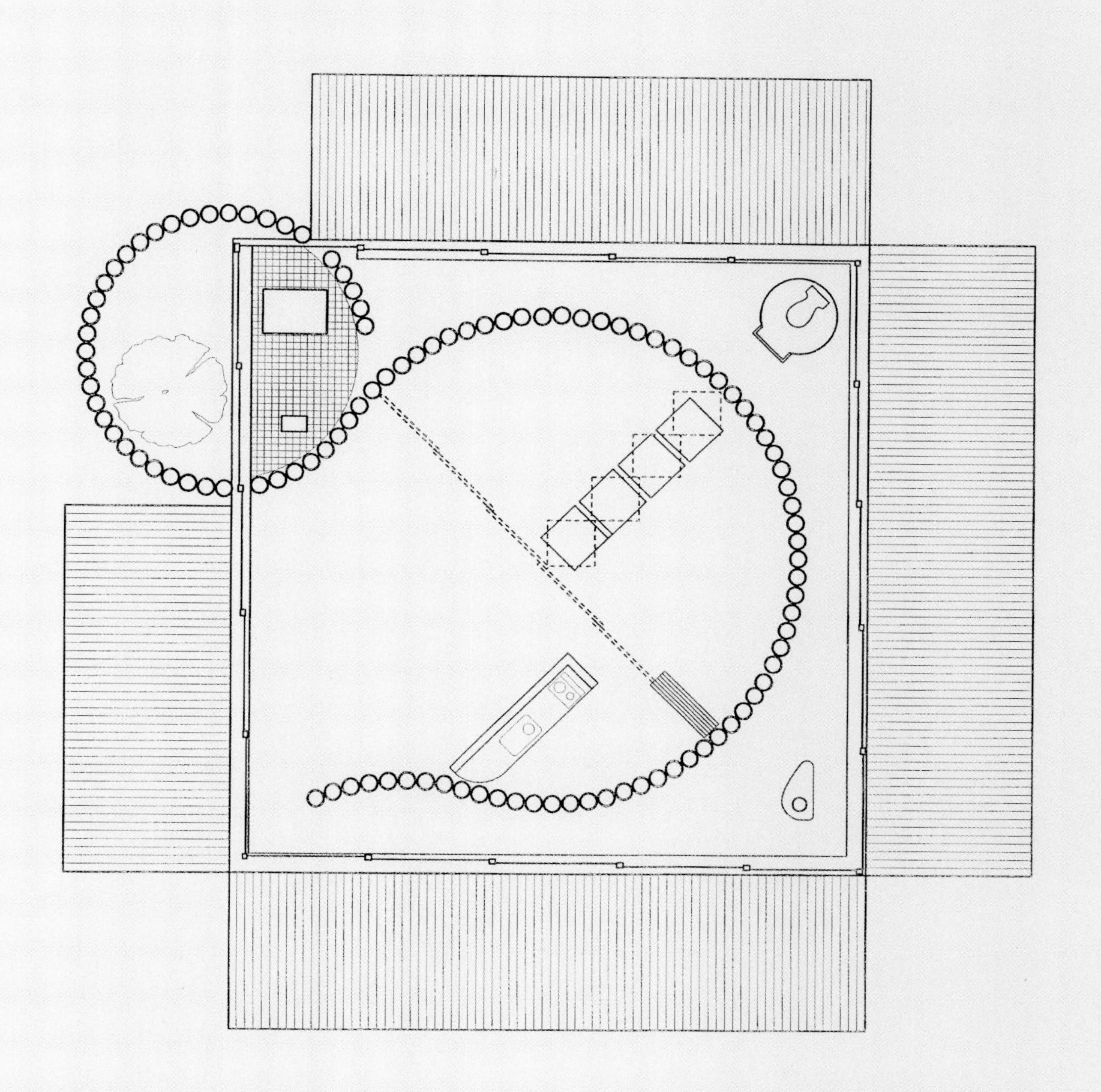

无装饰住宅

地点：日本埼玉县川越 **项目团队：**坂茂、石田真美子、Anne Scheou
结构工程师：星野建筑工程（星野秀一、铃木隆重）
总承包商：Misawaya Kensetsu **主要用途：**住宅
设计时间：1999年5月—2000年4月 **建设时间：**2000年5—11月
占地面积：516平方米 **建筑面积：**139平方米 **结构：**木结构

在接受私家住宅项目之前，坂茂总是要进行仔细的思考，作为一个设计者所要完成的建筑是否能够满足客户对自己家园的需求和渴望，而不是放弃各自的信念向对方妥协的产物。

坂茂与该项目的客户只会面过一次，当他再次开始思考如何设计建造这座住宅的时候，客户发来了传真，提出了精确详细的需求。客户的项目预算为 220000 美元，家庭成员包括客户 75 岁的母亲、客户和妻子、两个孩子和一只小狗。他所需要的住宅并不重视私密性，因为家庭成员不需要彼此隔离，而是要在一个具有统一风格的住宅创造的共享氛围中,使每位家庭成员可以自由进行各自的活动。看过传真之后，坂茂觉得自己应当接受这一挑战。住宅的建设地点位于河边，四周是布满了温室大棚的农田。住宅的外墙是由两块波纹状纤维增强塑料板制成，内墙采用的是尼龙纤维材料，二者并行安装在木制的螺柱框架的内外两侧。在它们之间，附加了大量透明的塑料袋，里面充满了一串串的聚乙烯泡沫，起到了绝缘隔热的作用。自然光线通过这些塑料袋时可以发生漫反射作用，并一直照射进室内。

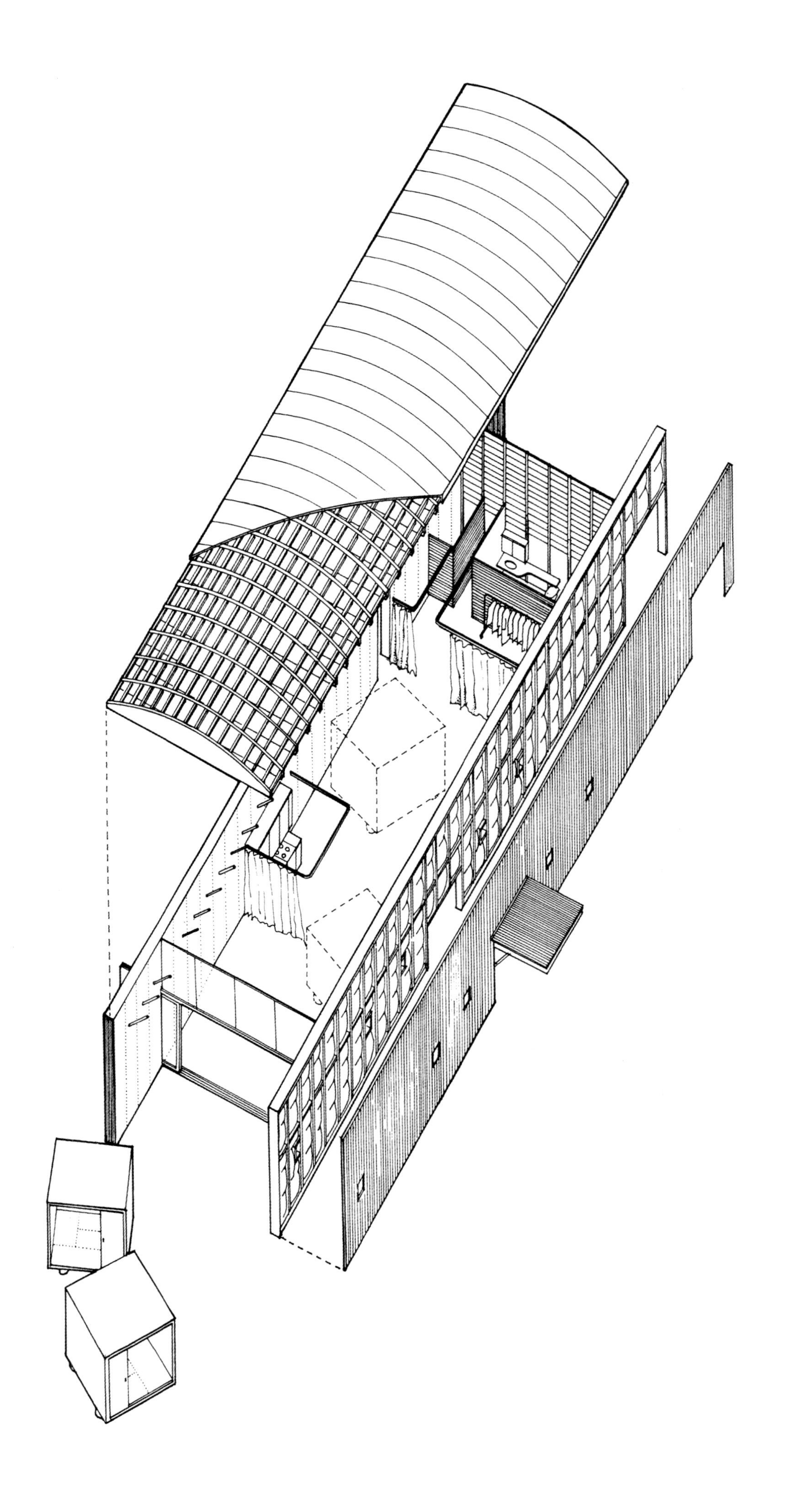

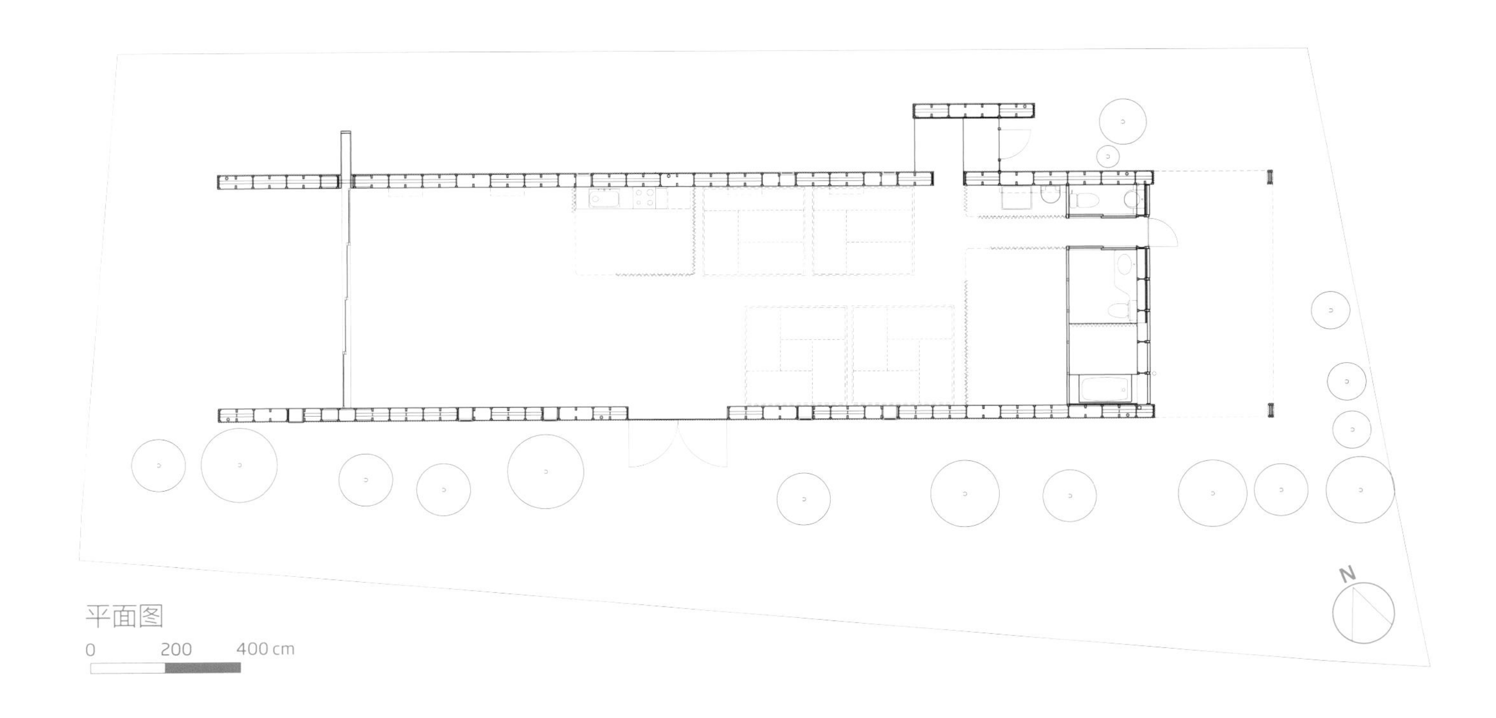

平面图

0 200 400 cm

这座住宅由一个高达两层的单一大空间构成，内部的四个私人房间都安装了脚轮，可以随意移动。为了减轻重量并提高移动性，这些房间的体积都不大，而且内部只配备了极少的物品和装置，从而可以根据需要进行移动。当这些房间靠着住宅的每侧墙壁排列，位于供热或空调设备单元的前面时，温暖和凉爽的空气可以在室内流通。这些房间也可以并排放置，当各自的滑动拉门打开后，可以形成一个更大的空间。它们还可以放置在室外的露台上，作为一个额外的补充场地供孩子们游戏。

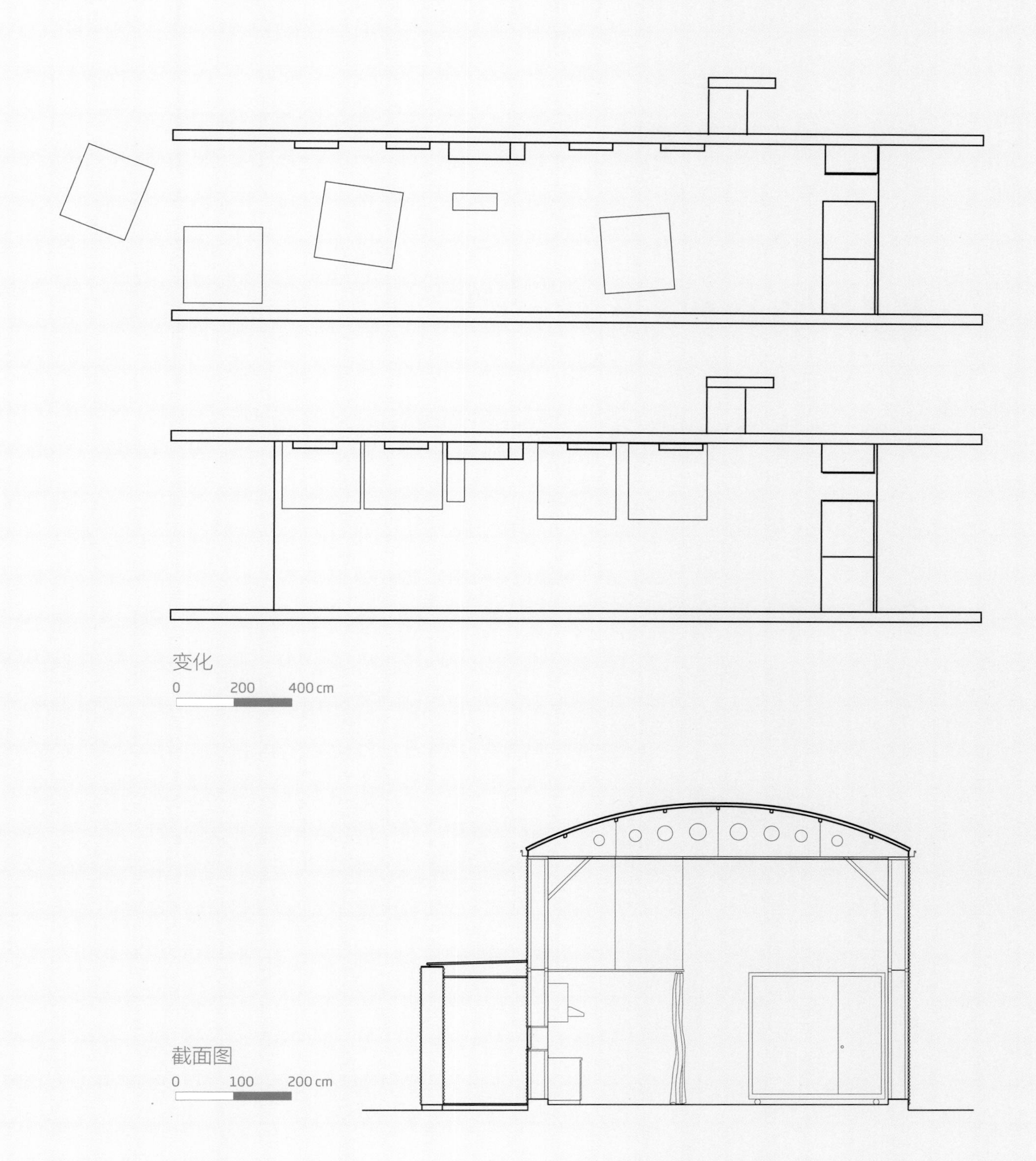

变化

截面图

E公寓

地点: 日本福岛 **时间:** 2006年 **项目团队:** 坂茂、平贺信孝、寺井玉成、托塔戈雅 **顾问:** 星野建筑工程(结构)、七股工程顾问公司(机械)、Studio on Site(景观) **主要用途:** 住宅 **设计时间:** 2004年秋季—2005年春季 **建设时间:** 2005年中—2006年中 **占地面积:** 1894平方米 **建筑面积:** 1201平方米 **结构:** 钢架、砖头、玻璃百叶窗、铝制百叶窗、绿墙、花岗石(外部)、塑料板、石灰石、木地板、砖(室内)

这座建筑除了可以作为家庭住宅之外,还可以用来接待客人。设计中的最大难题是在私有和公共区域之间创造一种和谐的平衡关系。

这是坂茂第二个采用网格结构的建筑。第一个是为一名摄影家设计的百叶窗式住宅,位于东京黄金地带一块面积为 292 平方米的狭窄地段上,三面与其他建筑毗邻。其网格结构包括正方形和长方形的格子布局,可以定义出最为适合的平面布局,从而在室内空间与庭院之间创造出连贯流畅的平衡特性。与之相比,这次的项目用地比较宽敞,是专门为郊区的住宅建设而开发的,面积达到了 1894 平方米,三面都与道路相邻。在这样宽广的地段上,网格结构不仅用于创造内外空间的平衡性,还能被刻意用来限制无尽的设计可能性,利用网格结构的规范性还可以使内外空间的结构、以及私有和公共区域之间的关系更为和谐自然。

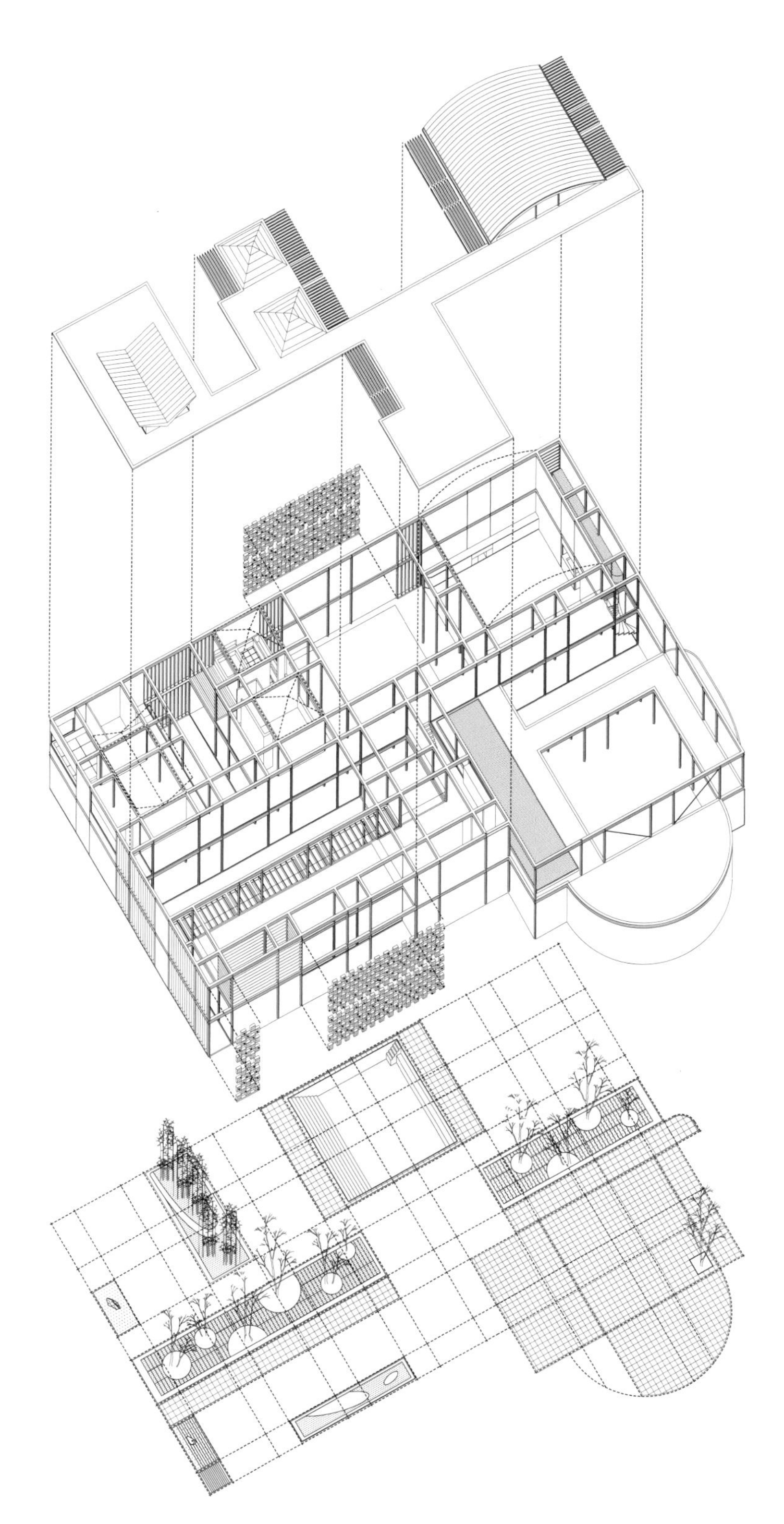

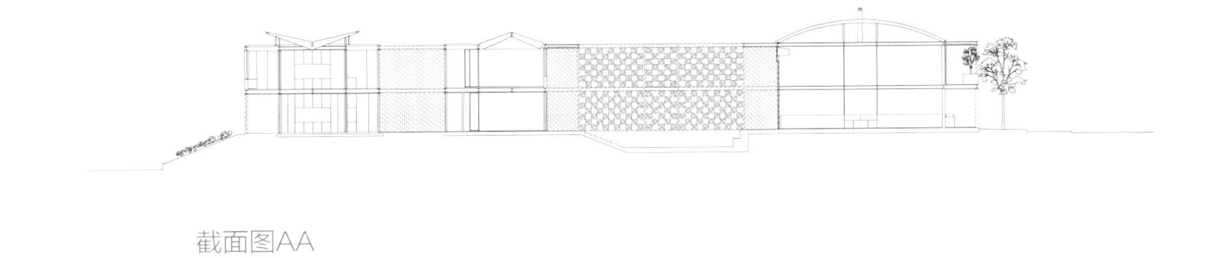

截面图AA

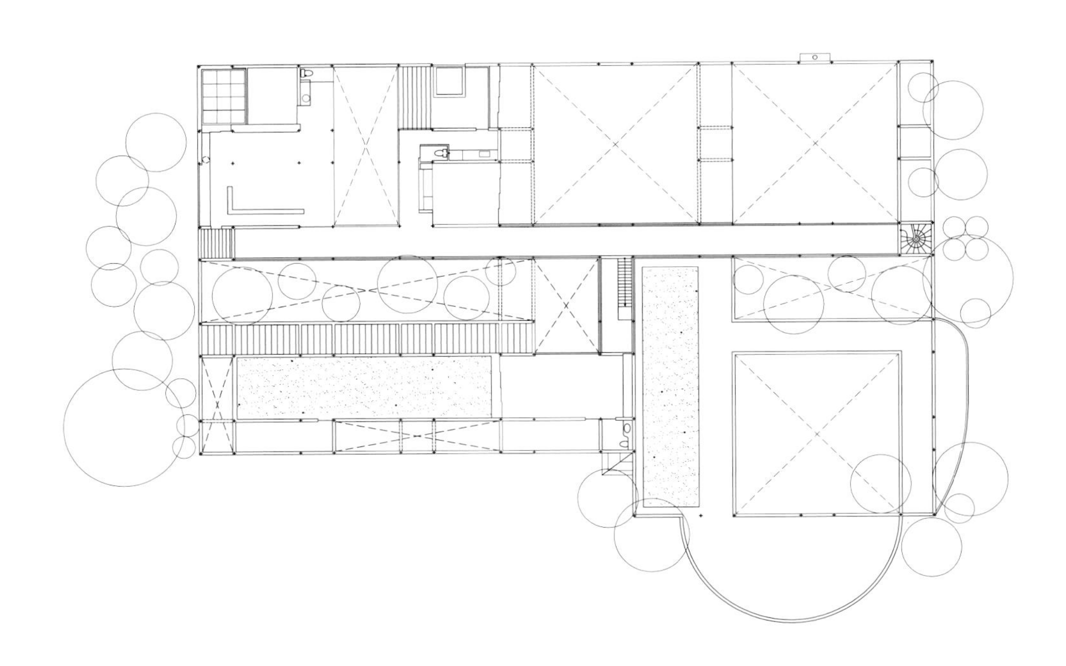

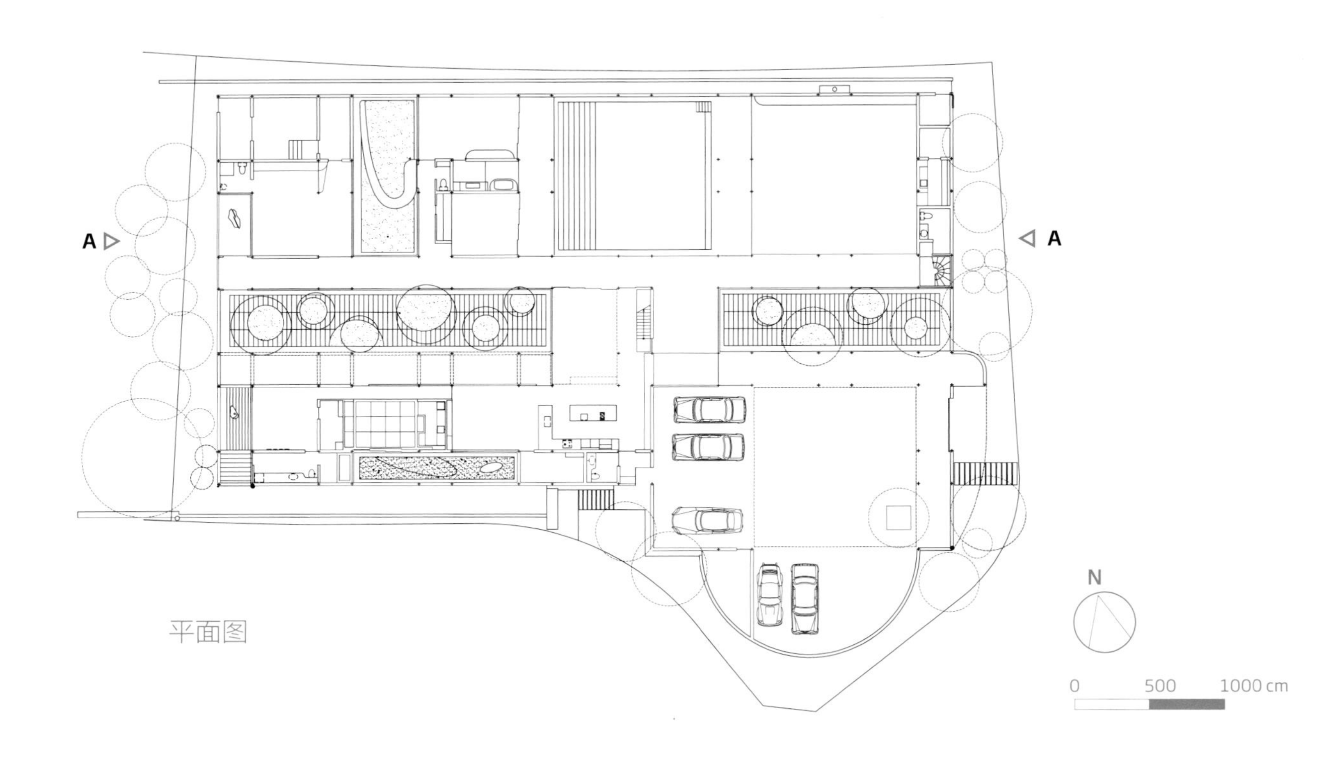

平面图

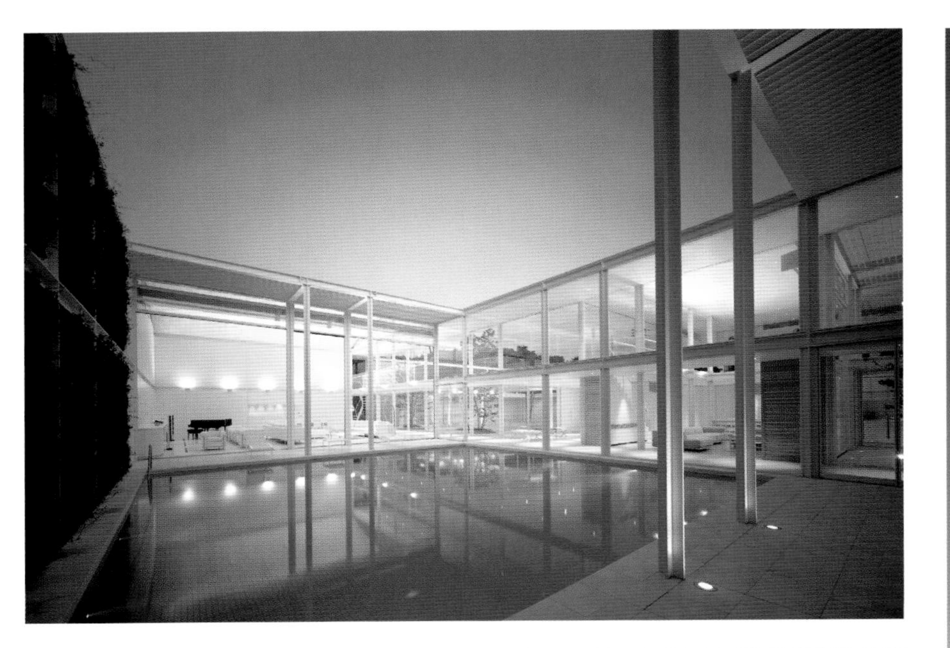

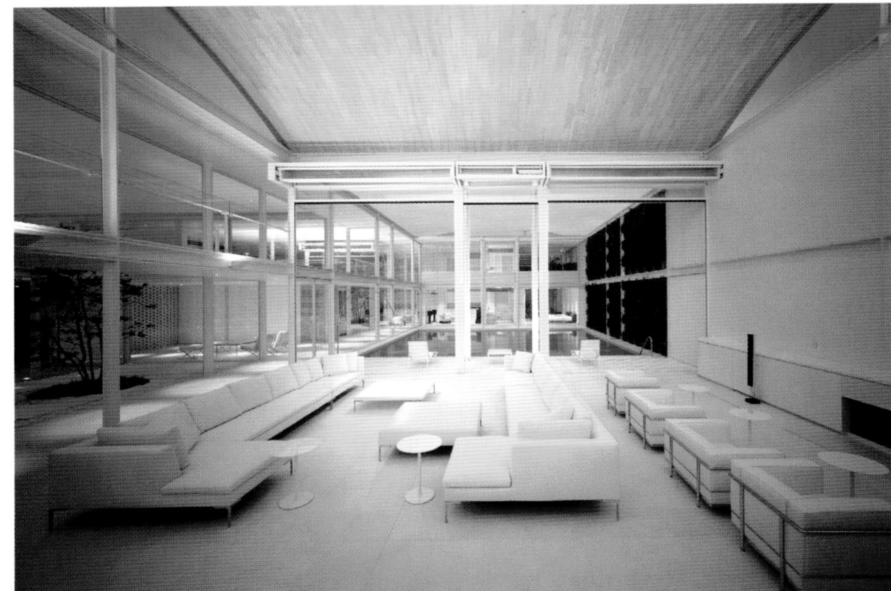

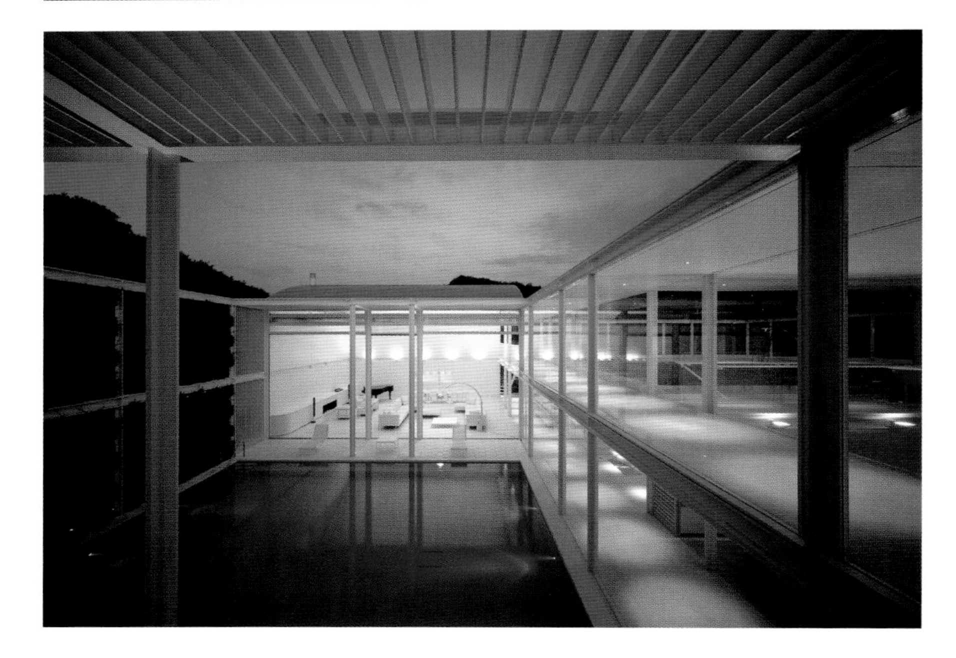

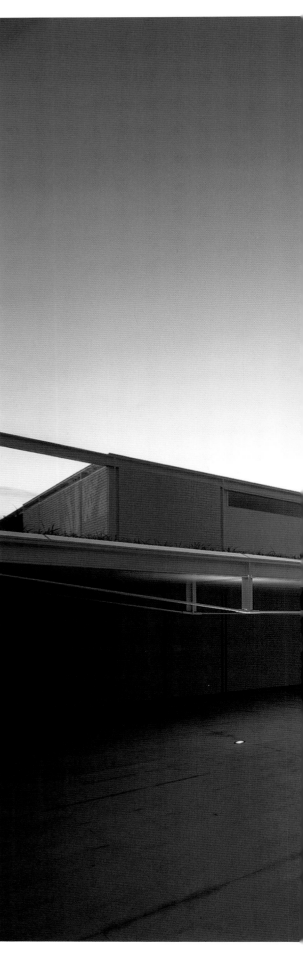

在设计中，建筑师还特别关注了砖墙和钢架以及正厅内木制拱顶之间的关系。这与密斯·凡·德·罗或者克雷格·E. I. 伍德之前将砖结构和H形立柱相结合的做法不同避免了垂直钢架过于显眼的问题，并使用了真正的砖头而不是瓷砖,以尽可能粗糙的方式堆砌在一起，在墙面上形成了纹理和阴影的效果。此外，没有使用白色的砖头进行建造，而是用涂了白色的土色砖，呈现出北欧风格的温暖色调。选用十字形钢架不仅是为了在空间内创建最小化的方向性（圆柱是没有方向性的），也是为了在所有方向上都能够与竖框和玻璃百叶窗的框架相适应。使用拱形木板制作而成的木制拱顶的外观与中世纪的砖结构拱顶十分相似，这些木板都是由实心的层压木材做成的，可以表现出厚重的感觉和阴影效果。

这座住宅展现了多样的光线和各种带有遮蔽的空间，它们都是由建筑和绿化创造而成的。另外，人们在这里一年四季都可以享受亲水体验，甚至在室内也可以做到这一点。

萨加波纳克住宅

地点: 美国纽约长岛 **时间:** 2006年 **设计团队:** 坂茂、石田真美子、寺井玉成、德永歌子、迪恩·莫尔茨建筑事务所（迪恩·莫尔茨、查德·克劳斯、贾斯丁·肖里斯、安德鲁·莱夫科维茨）**顾问工程师:** 手冢实、罗伯特·希尔曼、纳特·奥本海默、海伦娜·梅里曼（结构工程师）、斯坦尼斯拉夫·斯卢茨基（机械工程师）
总承包商: 莱因哈特和欧布莱恩公司 **主要用途:** 住宅 **设计时间:** 2001—2003年
建设时间: 2003—2006年 **占地面积:** 6578平方米 **建筑面积:** 466平方米
结构: 石灰石、木制镶板、木制平台（室外）；石膏板、石灰石、木地板、桦木家具（室内）

2001 年，坂茂与其他 33 位杰出的建筑师一起被选为设计者，为长岛一个面积达到 40 公顷的新领地设计被称为 Sagaponac 的住宅区。这个由布朗公司与理查德·迈耶合作开发的住宅区以“简单质朴、优雅端庄”为特色。

住宅以路德维希·密斯·凡·德·罗未能付诸实施的砖结构乡村住宅方案（1924 年）为基础。坂茂对这一方案进行了适当修改，以适应新的计划、结构体系和场地条件。

这个项目的设计过程与坂茂通常的实践方法有所不同，由于缺少与项目相关的特定客户，所以计划和空间的需求就必须具有通用性。此外，开发商在施工阶段承担了所有与现场管理有关的责任，这就意味着建筑师不得不放弃对施工质量的监控。鉴于这些原因，坂茂决定采用自己从 1993 年着手开发的预制系统。在住宅的设计中，坂茂运用了经过改进的新结构，这种方法不再依赖于其他家具屋常用的 2×4 规格的木桩，而是通过三角形胶合板构件的运用，对立方体与面板两种基本结构单元所形成的角落进行加强和巩固，使这些单元可以承受垂直和水平方向的负载，防止弯曲变形。

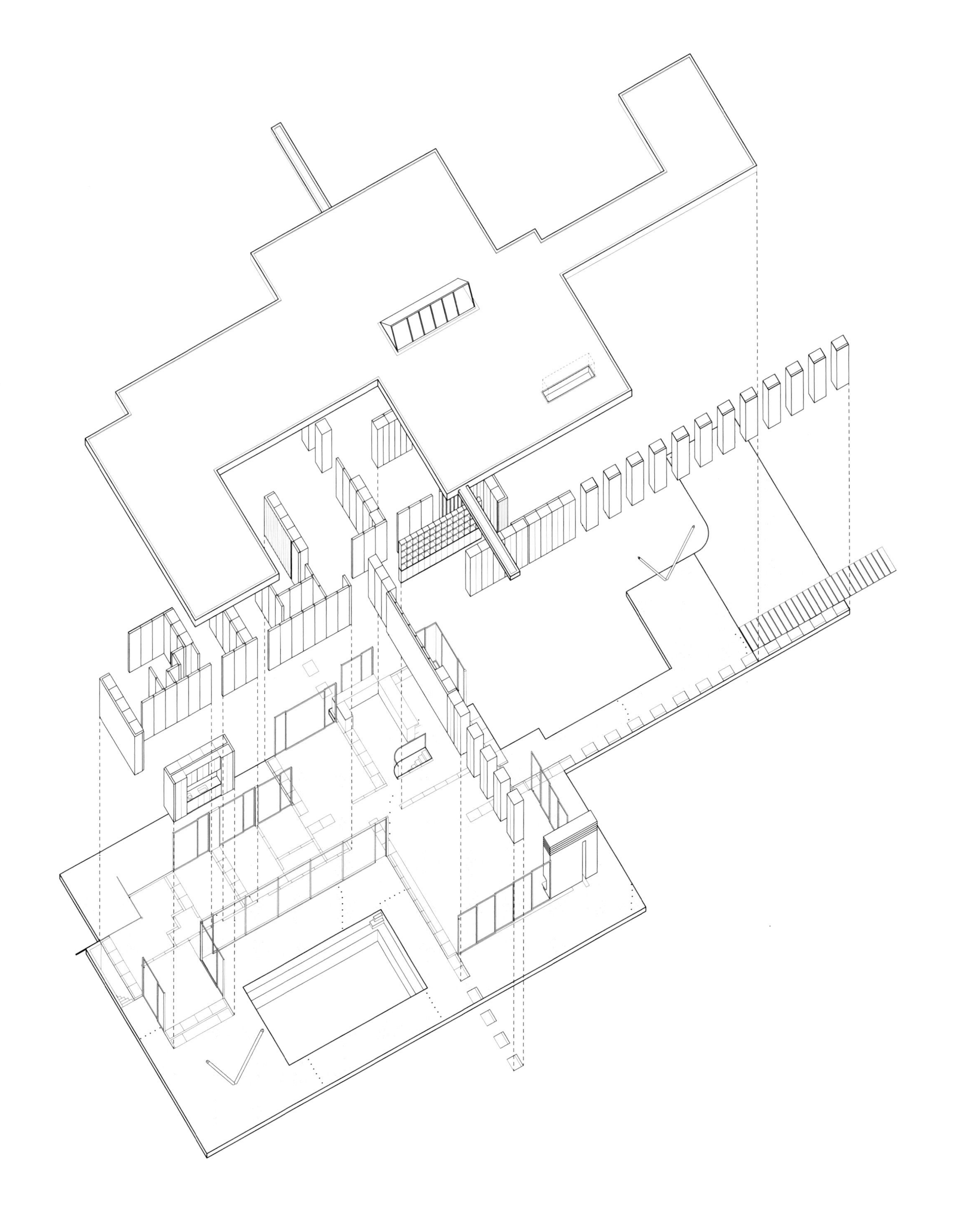

由于这是坂茂在美国的第一个家具屋项目，在构造单元结构时不可避免地要做出一些妥协。但是，他尽力减少了这种让步的次数。例如，经过长时间的寻找，坂茂和他的团队找到了一家可以制造这些单元和外部面板的工厂，从而降低了现场的工作量和住宅的总体成本。

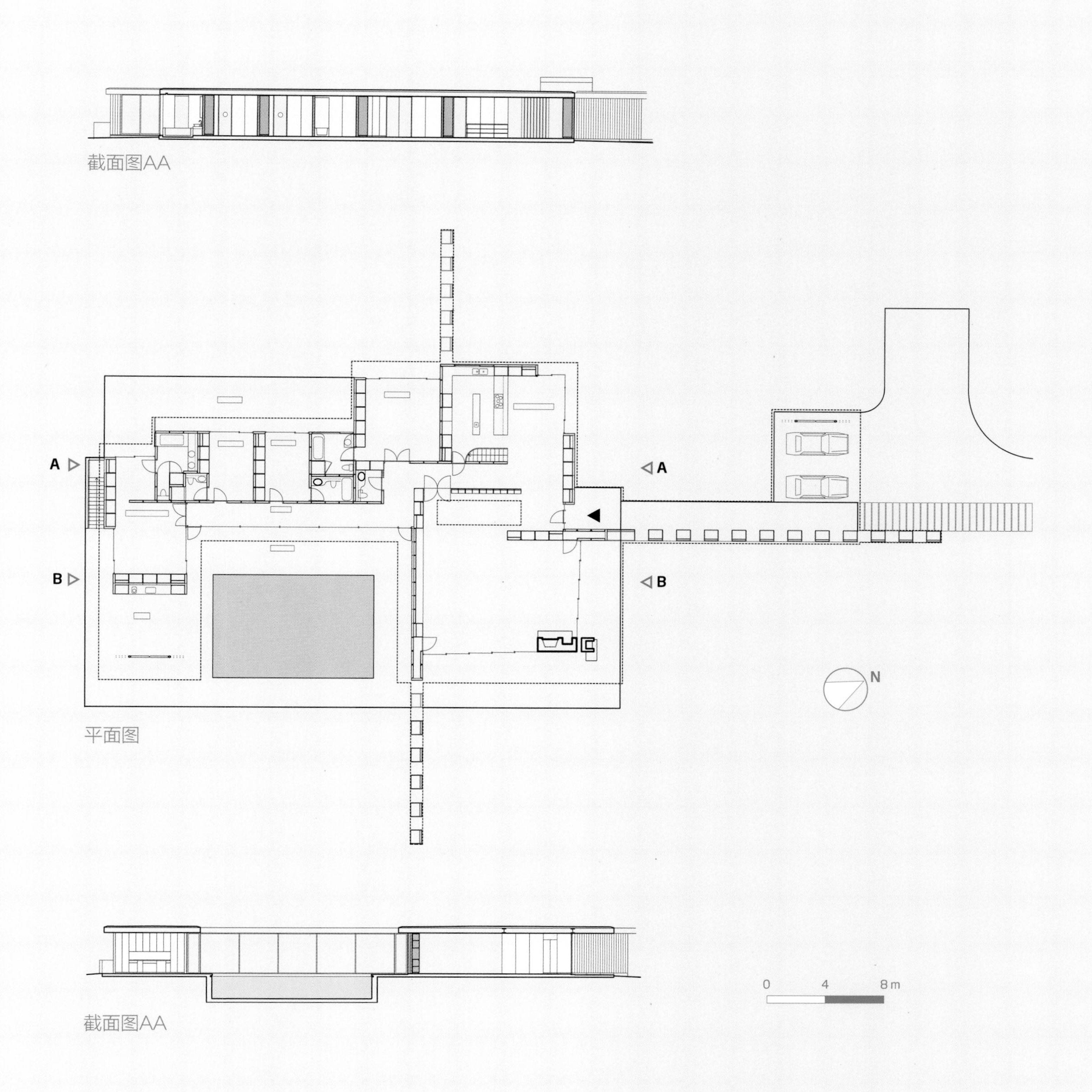

截面图AA

平面图

截面图AA

维斯塔别墅

地点: 斯里兰卡韦利加马 **时间:** 2010年 **项目团队:** 坂茂、原野康典 **总承包商:** 恒星建筑工程 **当地建筑师:** PWA建筑事务所(Philip Weeraratne、Ravindu Karunanayake、Manoj Kuruppu)
结构顾问: NCD咨询公司(Nandana Abeysuriya、Kokila Layan)
建设时间: 2007年11月—2010年4月 **占地面积:** 32648平方米
建筑面积: 825平方米 **结构:** 钢筋混凝土、钢材、木材

2004 年 12 月的大海啸发生后，坂茂在斯里兰卡的重建工作中设计并建造了部分住宅。随后，他又受托为当地一家轮胎公司的业主设计了一座私家别墅。位于山顶的别墅面向大海，它的地面、墙壁和天花板构成了三种不同的景观视野。首先，是透过山谷中的热带丛林中看到的海洋景观，这是由竖直排列造型的外部走廊构成的，走廊从原来的住宅一直延伸到现在的别墅和屋顶。其次，是从山顶上看到的横向延伸的海洋景观视野，这是由立柱支撑的、跨度达到 22 米的巨大屋顶和地板构成的。最后，是从长度为 4 米的正方形实木主卧室中看到的晚霞中的悬崖景观。

巨大的屋顶上首先覆盖了一层用于防水的轻质水泥板，然后又铺上了一层由椰树叶编成的织席。在斯里兰卡，这种织席常被用来制作住宅边界的篱墙。它们不仅能够遮挡强烈的阳光，还能使建筑自然融入到当地的环境中。天花板是由 8 厘米宽、3 厘米厚的柚木板条以藤编工艺的图案制成的。

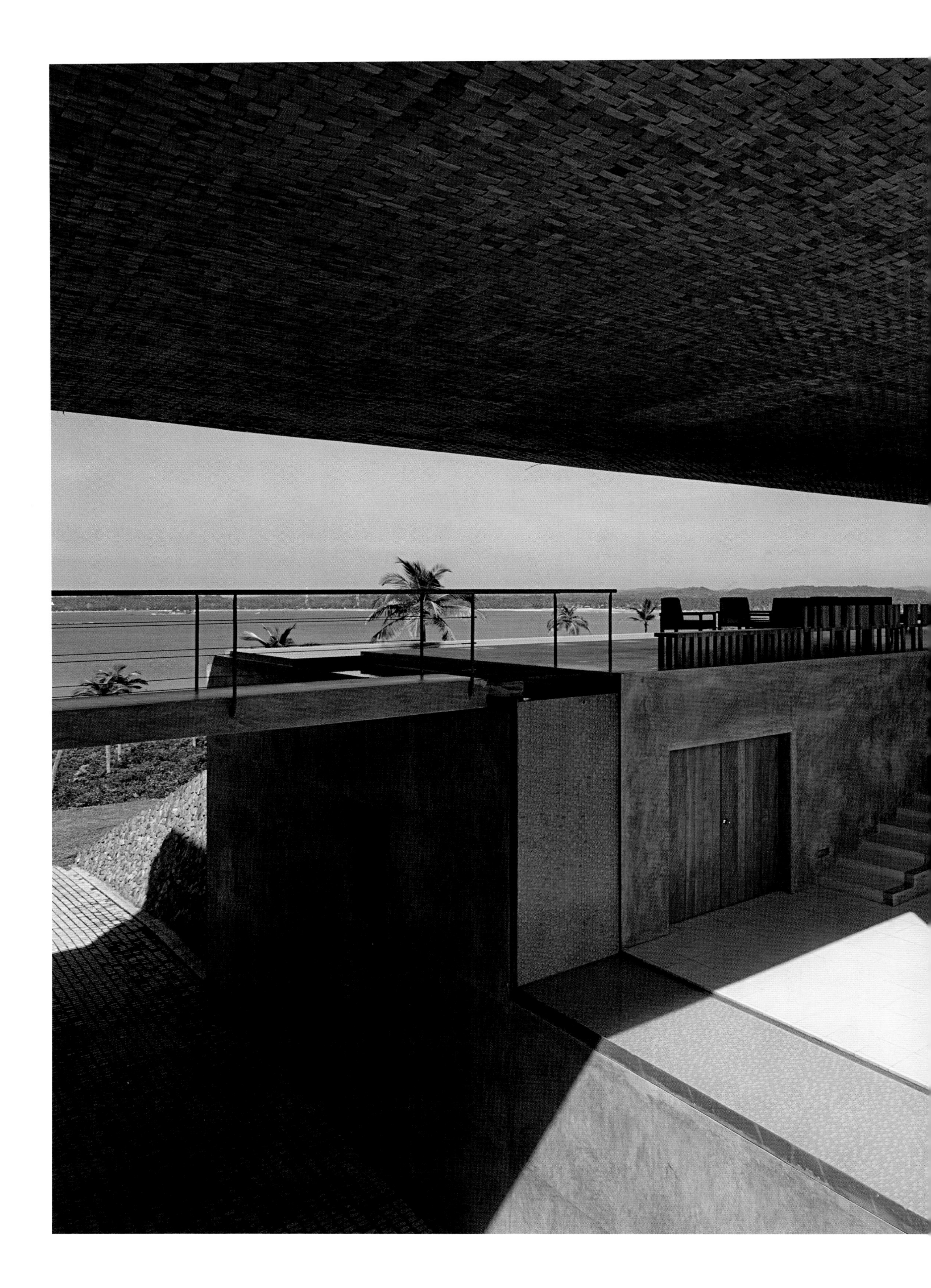

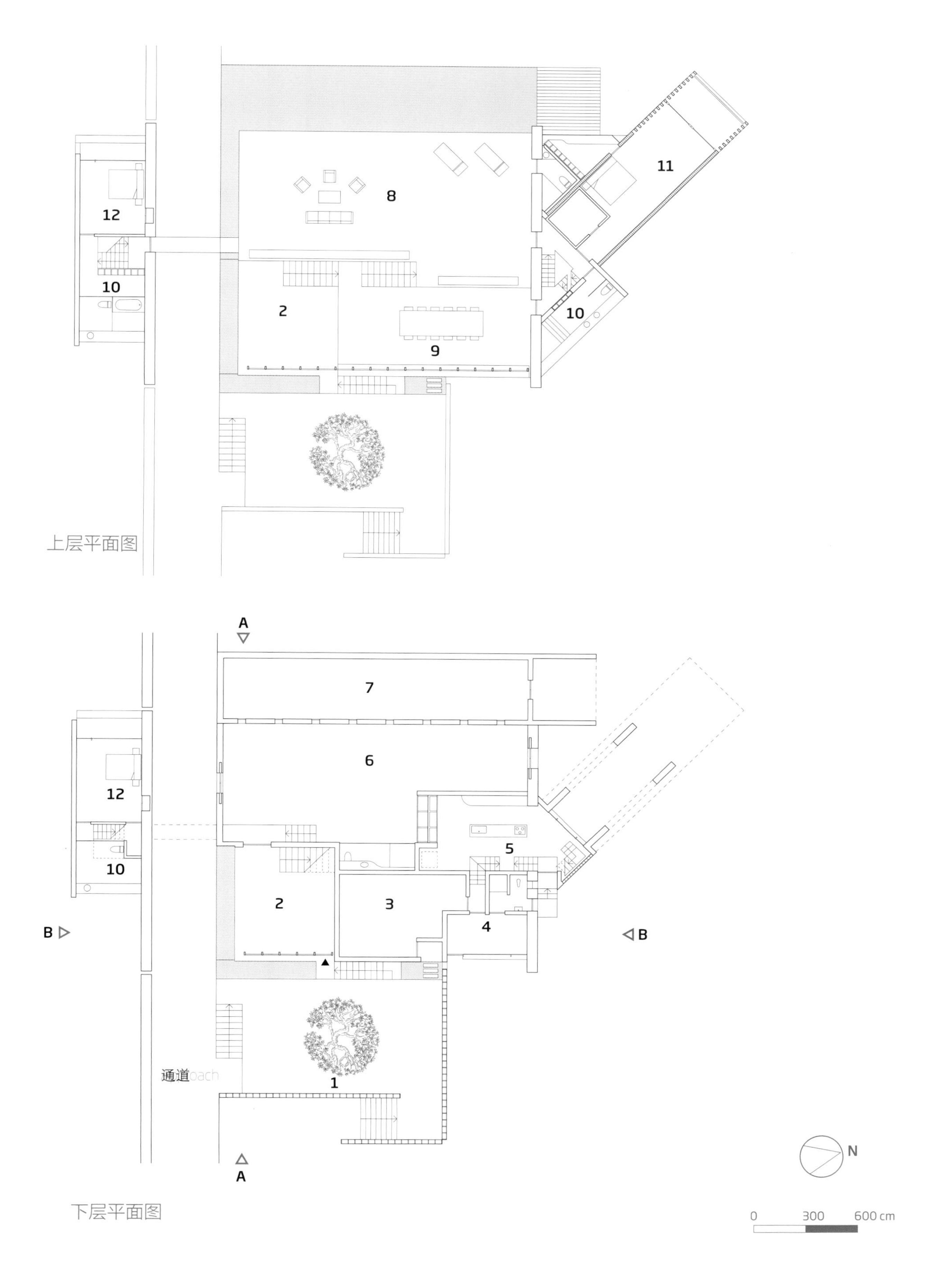

1. 入口庭院
2. 休息室
3. 仓库
4. 佣人房间
5. 厨房
6. 健身房
7. 机房
8. 客厅
9. 餐厅
10. 浴室
11. 主卧室
12. 客人卧室

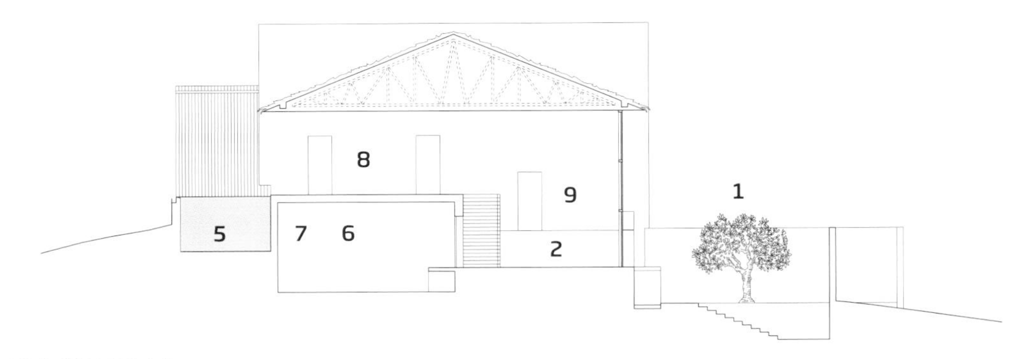

横向截面图AA

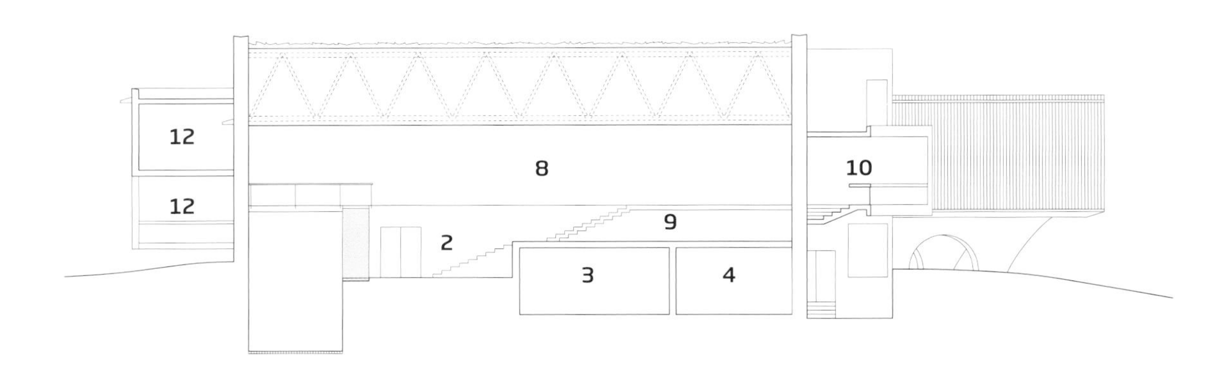

纵向截面图BB

1. 入口庭院
2. 休息室
3. 仓库
4. 佣人房间
5. 泳池
6. 健身房
7. 机房
8. 客厅
9. 餐厅
10. 浴室
11. 主卧室
12. 客人卧室

0 300 600 cm

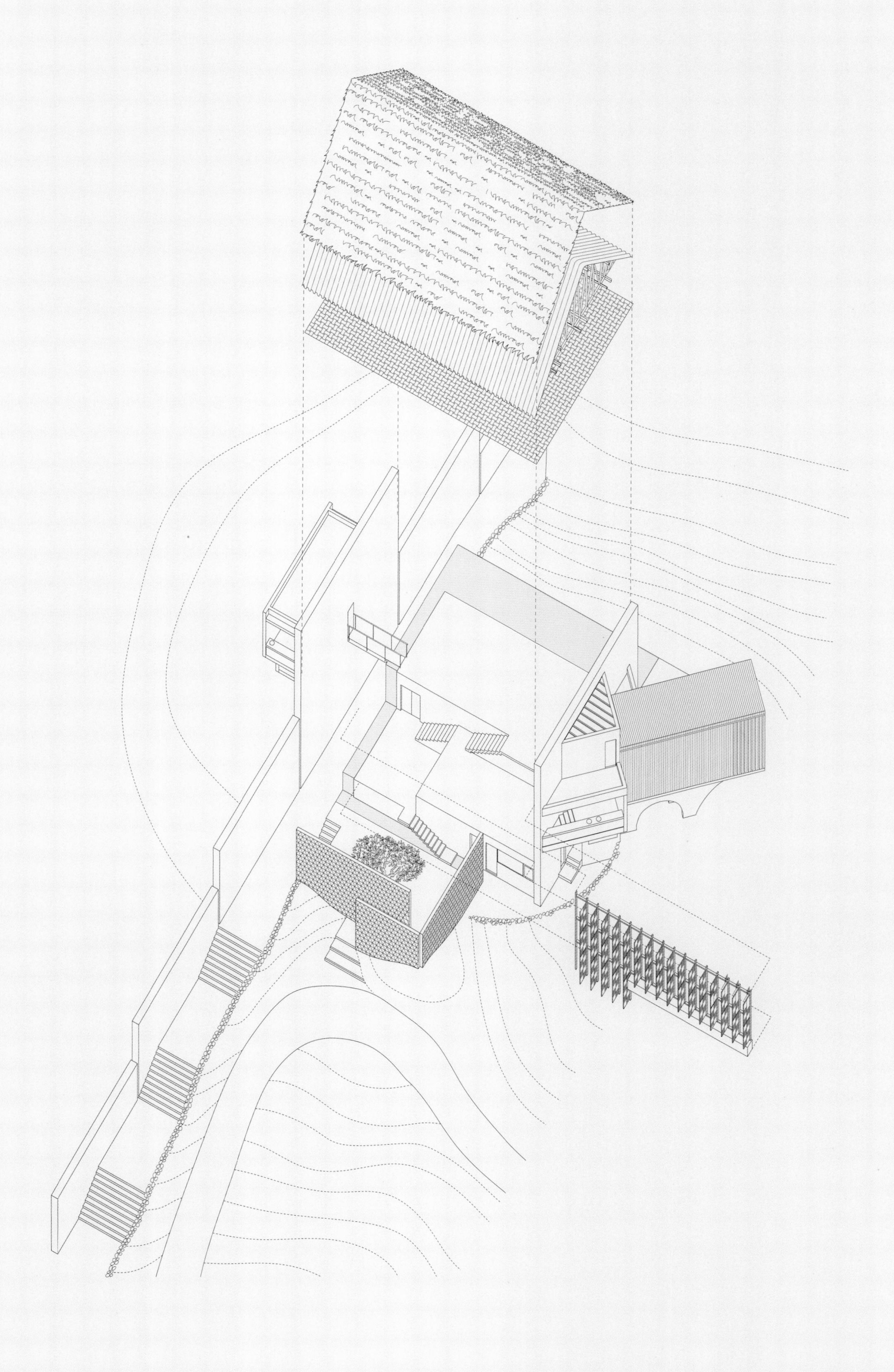

金属百叶窗住宅

地点: 美国纽约市 **时间:** 2010年 **项目团队:** 坂茂、迪恩·莫尔茨、妮娜·弗里德曼、查德·克劳斯、格雷迪·吉利斯、冈部太郎、格兰特·铃木、比尔·布伦纳、八木由奈 **设计时间:** 2006年3月—2008年3月 **建设时间:** 2008年3月—2009年8月 **建筑面积:** 33000平方米

这是一幢在地面层设有画廊和展览空间的住宅公寓，位于纽约曼哈顿重新划分的西切尔西区。该住宅与另一座高层建筑毗邻，在设计中充分利用了光线和周围的景观。为了使房间拥有良好的采光效果，每个住宅单元都采用了具有双层高度的复式空间结构，并在南面和北面的立面设有双折玻璃门，与外部空间形成开放的关系。经营画廊的客户已经制定了一个常规的计划方案，整个建筑包括设在一层的画廊和上面的九层公寓，每层都设有一户住宅单元。

这里的场地条件十分紧张，在空间上没有更多的余地可以利用。但是，任何的商业计划都需求最大的可用楼层面积，为了在现有条件下创造更加丰富的空间，坂茂将原来规划的10层建筑重新划分为11层，每个住宅单元都采用了复式结构。此外，为了不超过许可的建筑面积，他还创建了双层高度的空间。

住宅的卧室、浴室和厨房被放置在较低的层面上。同时，为了将每层的高度降至最低，空调设备没有放置在天花板的上面，而是在墙面内置的壁橱中放置了侧面吹风的风机盘管。楼层的平面布局被划分为三个开间，在每两个楼层中，东面的住宅单元占据一个开间，另外两个开间则属于西面的单元。

北侧立面的幕墙极具特色，是由可卷起的多孔安全百叶窗制成的，不仅保证了私密性，还与城市之间形成了独特的开放关系。

天花板具有双层高度的客厅与室外的露台相通，采用了双折玻璃门的外墙立面也能够形成完全开放的状态。

在原来的设计中，坂茂曾建议采用他在以前的项目中无数次使用过的玻璃百叶窗。但是，由于美国不制造这种百叶窗，所以坂茂设计开发了带有玻璃竖框的双折门，它是由美国机场机库常用的横向双折门改进而成的。

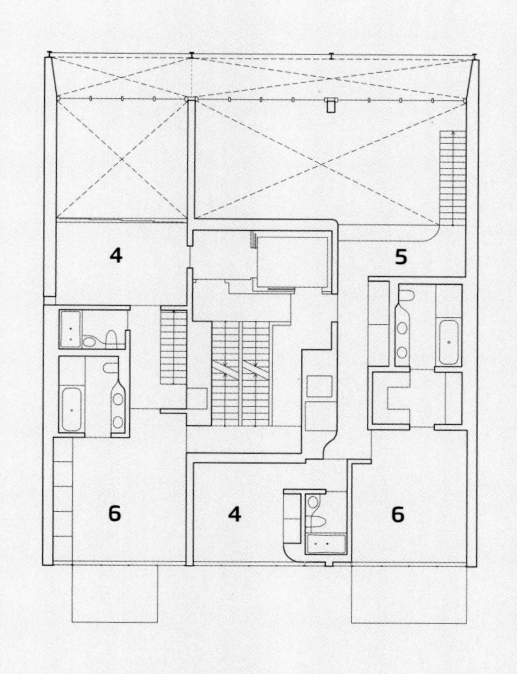

典型楼层

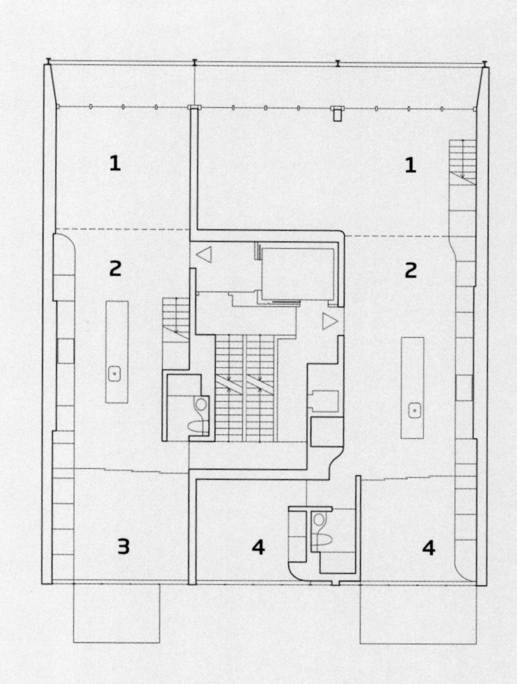

较高层较低层

1. 客厅
2. 厨房/餐厅
3. 图书室/卧室
4. 卧室
5. 书房
6. 主卧室

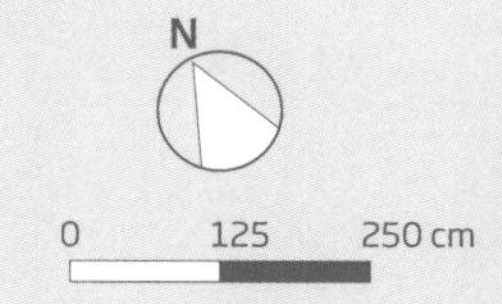

仙石原别墅

地点: 日本神奈川县箱根 **时间:** 2013年 **项目团队:** 坂茂、平贺信孝、坂木涉、松森淳
结构工程师: 星野建筑工程 **总承包商:** 箱根建设 **主要用途:** 住宅
占地面积: 1770平方米 **建筑面积:** 453平方米 **结构:** 木结构

这栋两层的方形木结构别墅位于一块面积为 30 平方米的旗杆形状的场地上，并带有一个直径为 15 米的内部庭院。包括主客厅在内的所有的房间从入口处开始以放射状环绕在内部庭院的周围。将主客厅与内部庭院隔开的八扇拉门可以随时打开，使内外空间浑然一体。

建筑的整体结构是由木制的立柱和横梁构成的，这些 7.5 厘米 ×35 厘米规格的 L 形构件也以放射状排列，形成了一个大型的单向斜坡屋顶。由于大型屋顶渐变的高度，天花板的高度被限制在 2.4~7.5 米之间。

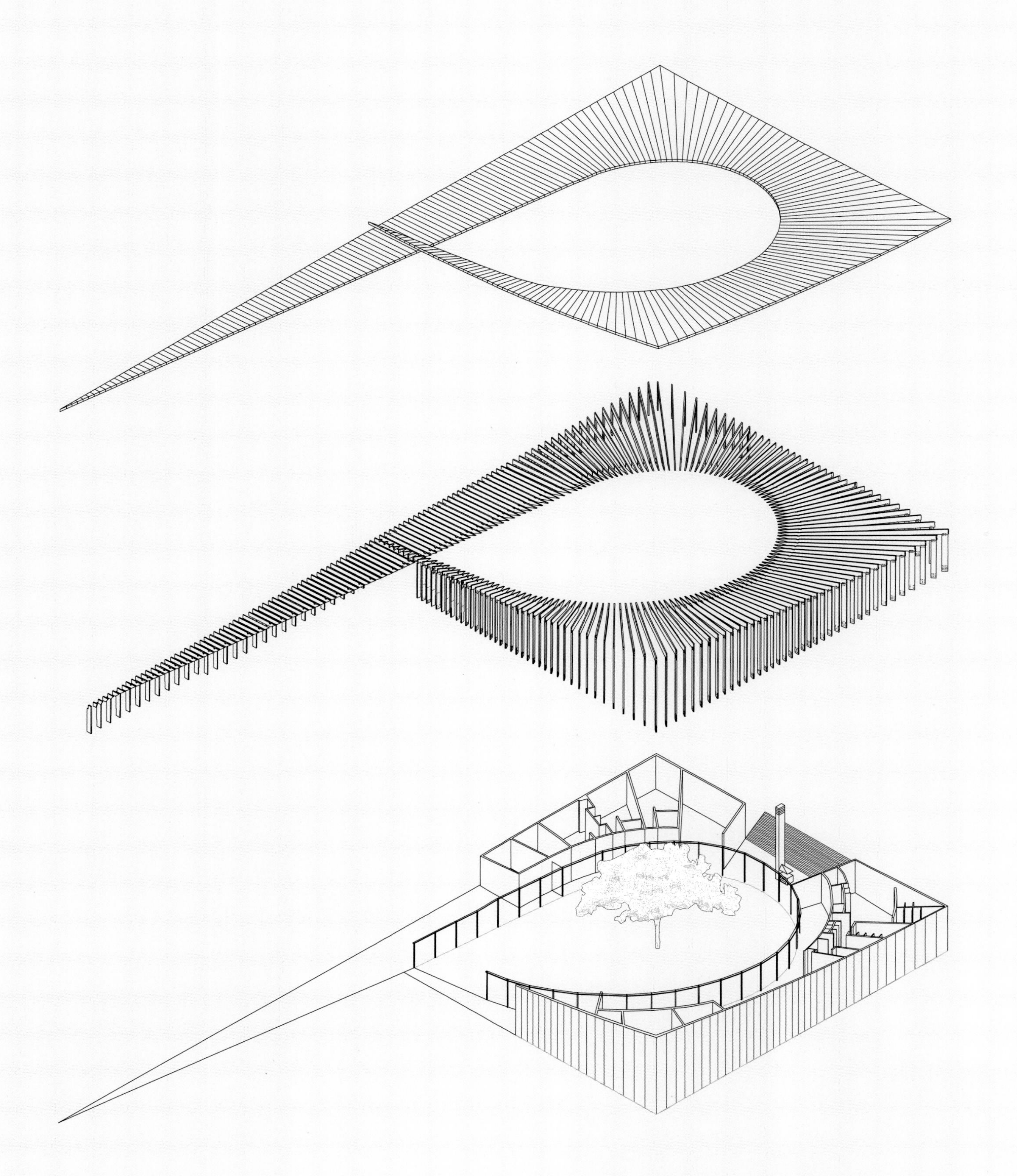

雪松木住宅

地点: 日本山梨 **时间:** 2015年 **项目团队:** 坂茂建筑师事务所
结构工程师: Holzstr Co., Ltd **机械工程师:** 七股工程顾问公司
总承包商: Kogei-sha 有限公司 **占地面积:** 905平方米
建筑基底面积: 145平方米 **建筑面积:** 156平方米

经过之前的很多项目，在这一次的项目中，坂茂建筑事务所已经基于密斯·凡·德·罗作品的主题开发形成了自己的设计概念，“雪松实木住宅”的概念作为这种研究的延伸也得到了发展。在密斯的方法中，混凝土和砖头不仅被用作结构和分隔墙的材料，也是连接室内空间与室外景观序列的手段。在这个作品中，雪松实木的墙壁和板条（天花板和屋顶）在由它们创建的不同空间内勾画出美妙各异的视野。在这块场地之内，墙壁不仅构成了多样的视野，还起到了遮蔽相邻住宅和道路的作用。

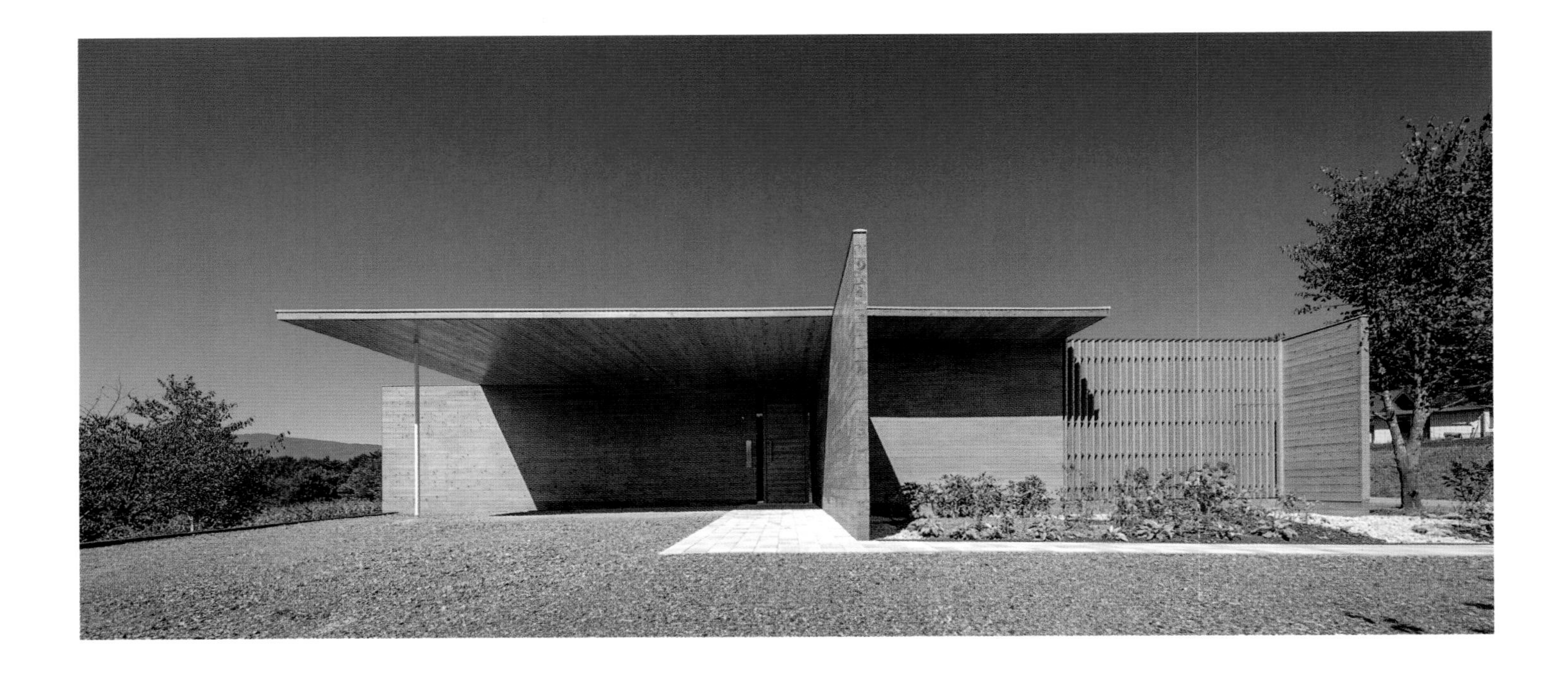

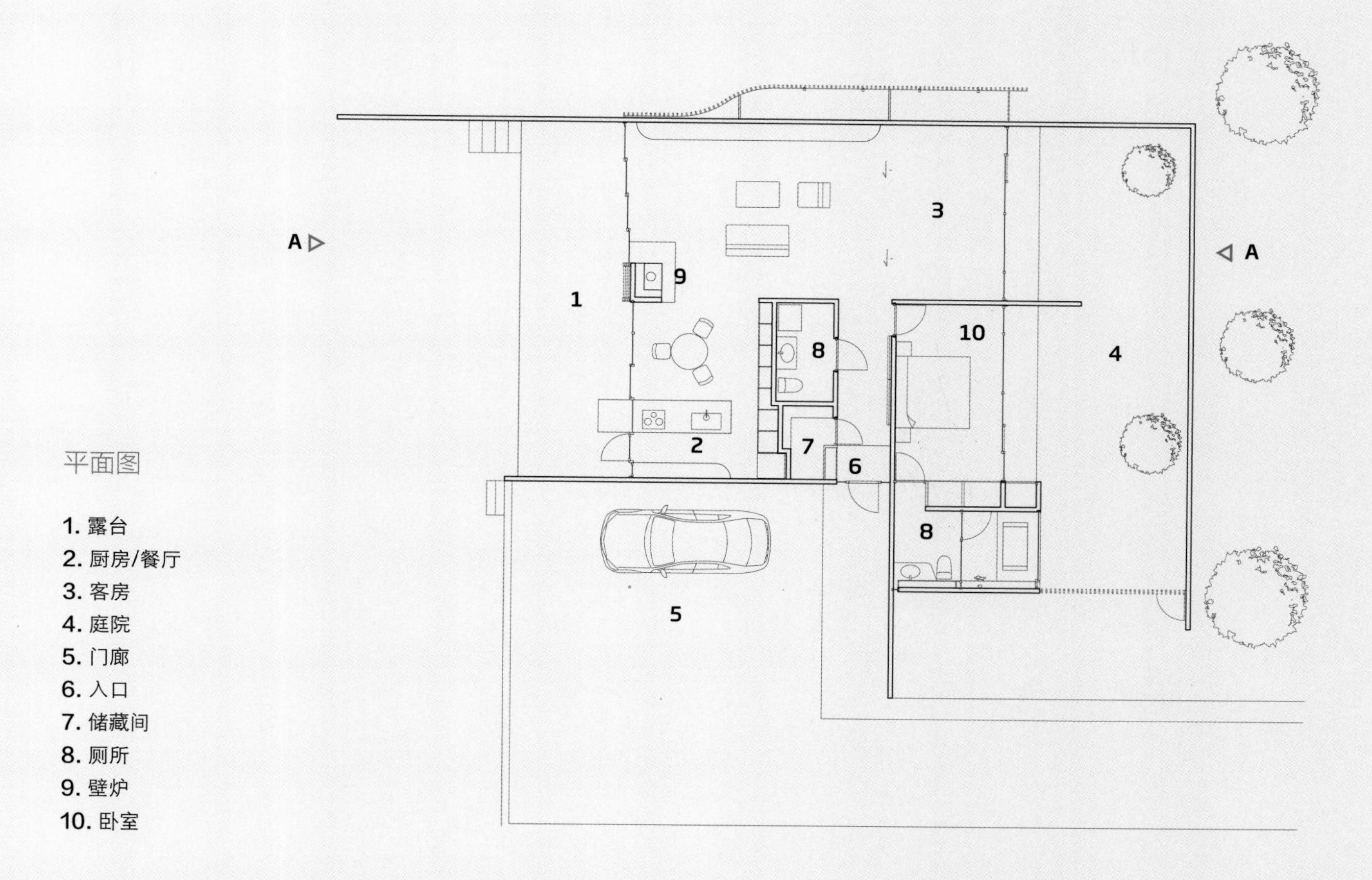

平面图

1. 露台
2. 厨房/餐厅
3. 客房
4. 庭院
5. 门廊
6. 入口
7. 储藏间
8. 厕所
9. 壁炉
10. 卧室

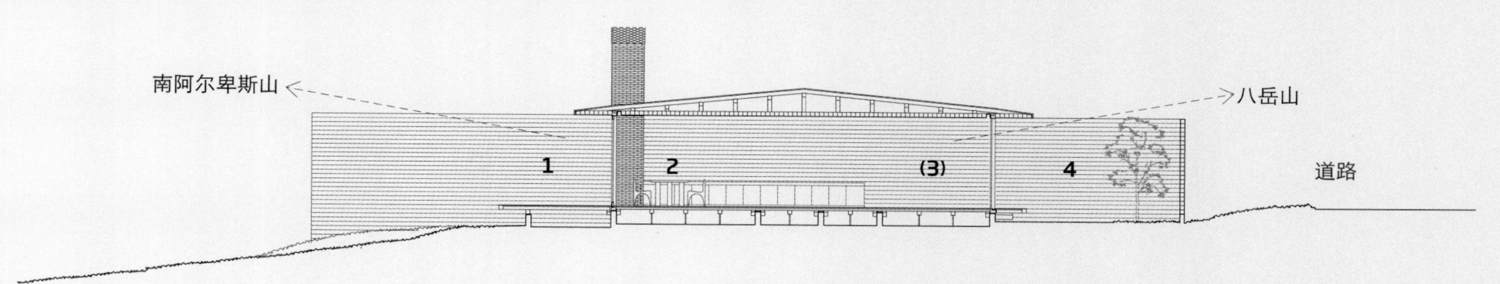

截面图

1. 露台
2. 餐厅
3. (客房)
4. 庭院

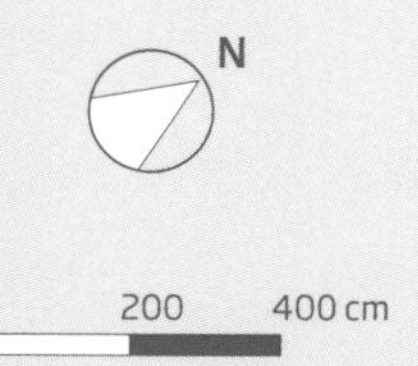

木化

梅斯的蓬皮杜中心

地点: 法国梅斯 **时间:** 2010年 **设计团队:** 坂茂建筑事务所、巴黎让·德·加斯汀纳建筑事务所、古姆赫德吉安建筑事务所 **结构建筑师:** 伦敦Ove ARUP、瑞士的赫尔曼·布鲁默、瓦尔德斯塔特(木制屋顶) **机械工程师:** 伦敦Ove ARUP、巴黎Gec Ingénierie招标 **时间:** 2003年 **总承包商:** 德马修和巴德公司 **设计时间:** 2004年—2007年 **建设时间:** 2007—2010年 **占地面积:** 12000平方米 **建筑面积:** 11330平方米 **结构:** 钢筋混凝土、金属、木料(屋顶)

在设计之初,坂茂首先思考了两种当今世界流行的艺术博物馆现象。第一个就是广为人知的“毕尔巴鄂效应”,它产生于西班牙毕尔巴鄂的古根海姆博物馆(弗兰克·盖里设计,1998年竣工)。其策略是在世界知名城市中创建一个犹如雕塑般的建筑,以吸引更多的游客,并最终获得了成功。但是,也有人认为这种建筑忽视了艺术家和博物馆工作人员所关注的问题,因而在功能性上存在很多欠缺,所产生的个人纪念性造成了艺术的展出和观赏环境并不理想。而另一个极端的做法是,将老旧的工业建筑进行翻修,创建出优化的空间用于艺术作品的展览,不过,这很可能会产生一个不伦不类的建筑。坂茂没有选择这两种极端的方法,而是创造了一个新的设计概念,在考虑艺术展出和观赏的便利性的同时,使游客对建筑产生难忘的印象。

为了创造功能完善的空间,坂茂在方案中设计了结构简单的展览空间,并在它们之间形成清晰的流通路线。为了简化功能的关联性,这些空间采用了三维的放置和排列方式。

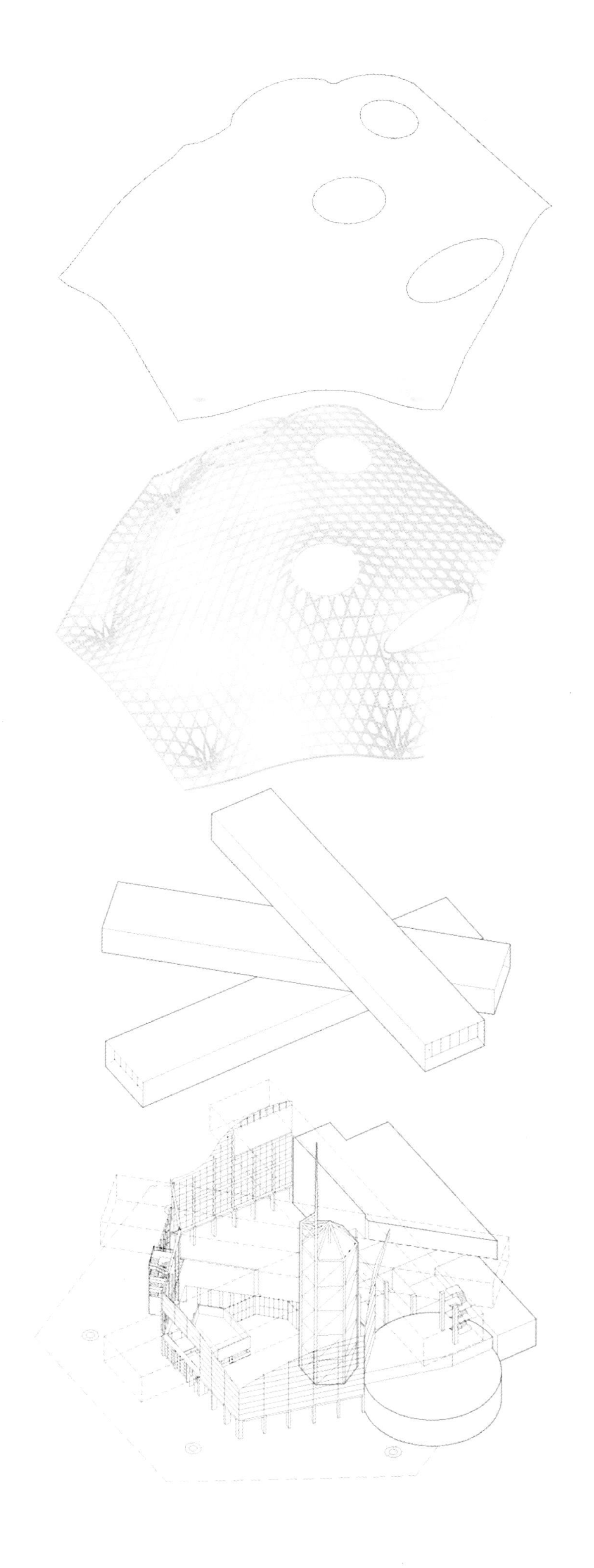

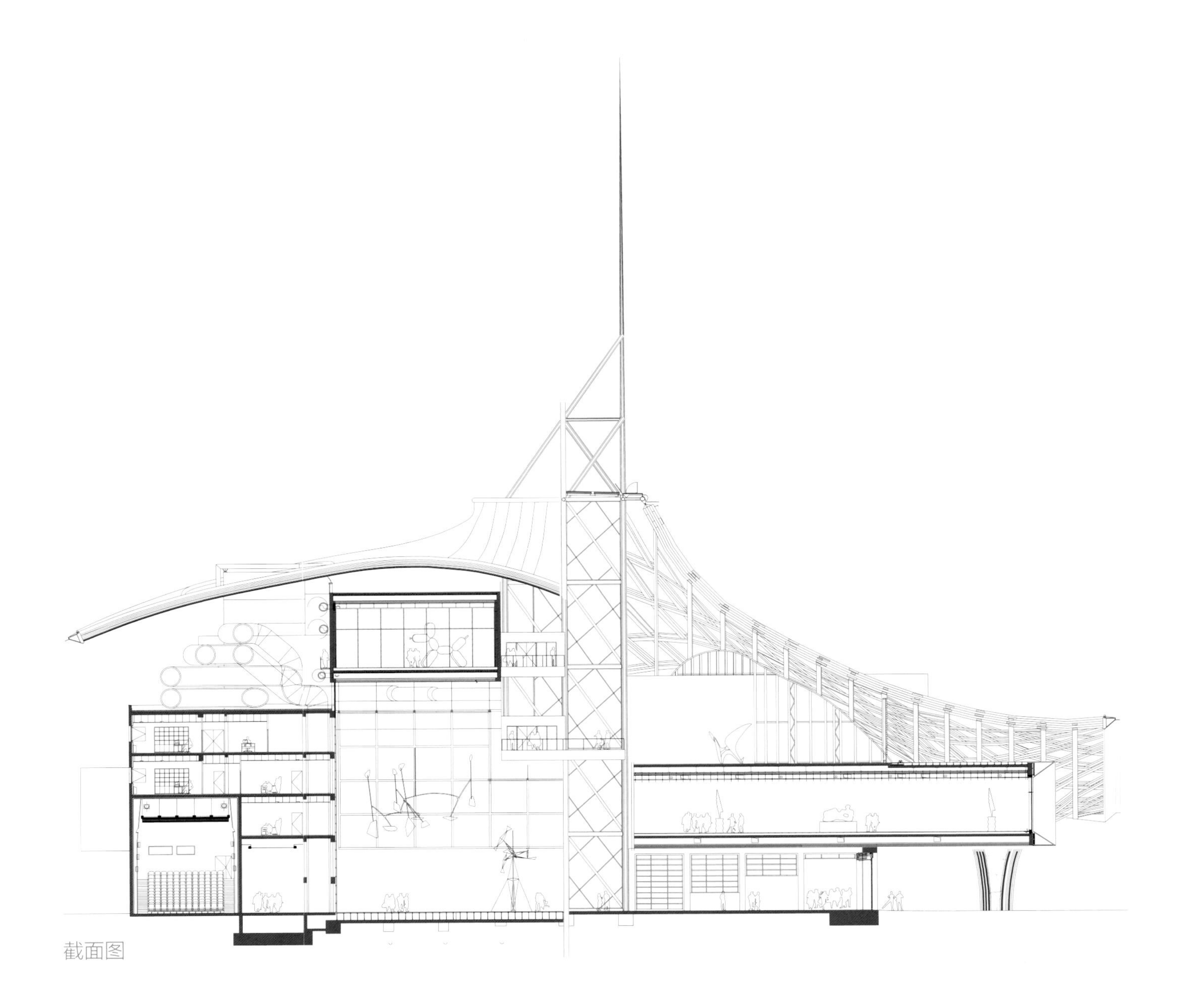

截面图

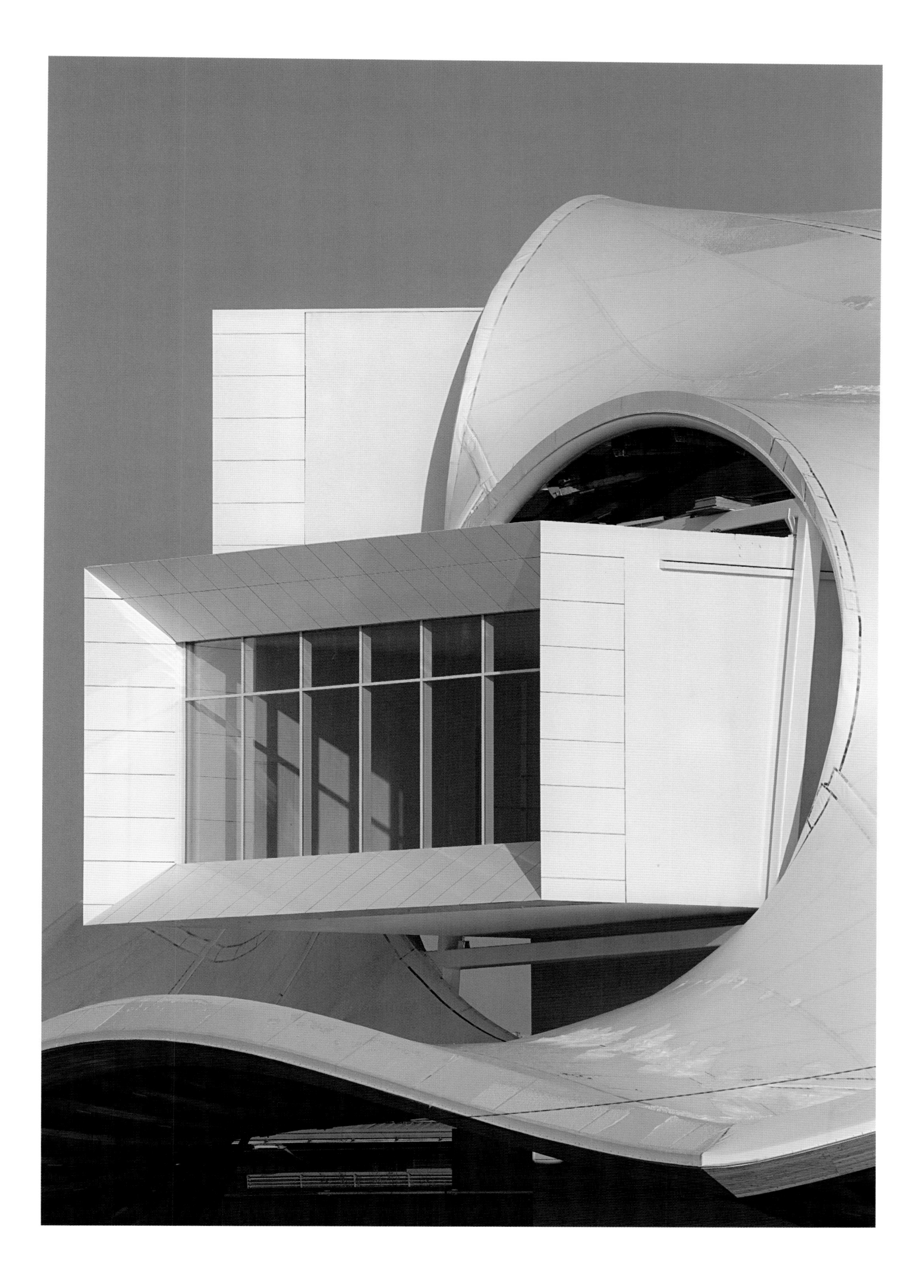

由于每个展厅有着不同的长度需求，坂茂在宽度为15米空间模块基础上，创建出三个内部长度为90米，结构简单的大进深矩形管状空间。三个管状空间在垂直的方向上交错堆叠在一起，将一个钢架结构的六角形塔楼环绕在中间，塔楼的内部设有楼梯和电梯。在三个错位堆叠的管状展厅形成的分层天花板下面，构成了Grand Nef展厅。这个巴黎蓬皮杜中心的附属建筑主要用于向公众展示更多的艺术品（占巴黎全部收藏品的20%）。并且可以展出巴黎博物馆无法展出的大型作品，因为那里横梁下的天花板高度只有5.5米。

除了三个管状展厅之外，这里还有一个圆形结构的空间，其中包括一个顶部设有餐厅的创作工作室。此外，在一个方形结构的空间内部，设有一个礼堂和一些办公室以及建筑后部的其他活动空间。一个巨大的六边形木结构屋顶高悬在这些彼此独立的空间之上，使它们成为紧密的统一整体。由于六边形与法国的地理形状相似，因此也成为国家的象征。值得一提的是，来自于亚洲传统的竹编草帽和竹篓，为这个由六角形和等边三角形构成的六边形屋顶提供了设计灵感。

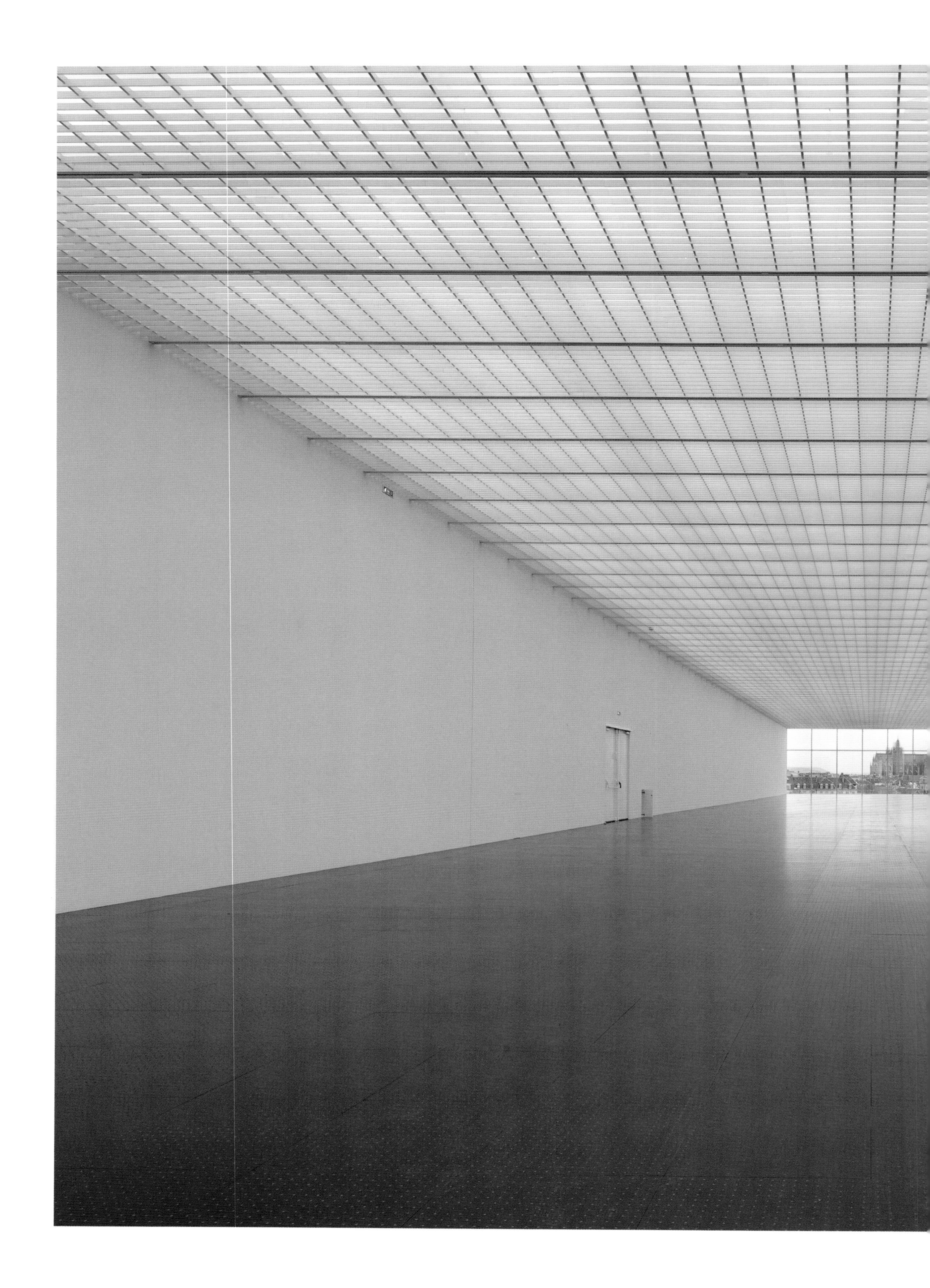

赫斯利九桥高尔夫会所

地点: 韩国骊州京畿道 **时间:** 2010年 **建筑师:** 坂茂建筑事务所、尹京植/KACI 国际
建筑工程师: CJ Engineering & Construction **结构工程师:** CS 结构工程、Creation Holz（木结构）**设计时间:** 2006年11月—2008年6月 **建设时间:** 2008年7月—2010年4月
占地面积: 1128.3平方米 **建筑面积:** 20996平方米 **结构:** 钢材、木料、钢骨混凝土

这个距离首尔大约两个小时车程的会所，是为一个重要的高尔夫球场新建的，它包括三个部分的建筑：为普通会员服务的会所主体、贵宾会员区域和贵宾的住宿区域。每部分建筑分别采用了不同的结构体系，并且在现代的背景环境中体现了韩国的传统建筑方法。

普通会员的会所建筑拥有一个六边形的木制网壳结构屋顶，将整个建筑笼罩在下面。贵宾住宿区域的建筑采用了住宅规模的短跨度钢结构，而贵宾会员的会所建筑是采用钢筋混凝土建造的。木制的立柱和屋顶构成了会所主体建筑的中庭空间，明亮的玻璃罩面使这里成为一个透明的开放空间。高高耸立的立柱由叠层木材制成，木料以放射状环绕排列形成立柱。这些立柱呈曲线状向上延伸至屋顶，构成了屋顶的水平元素，形成了六边形的网格结构。高度略低的墩座部分是按照韩国当地传统石墙的风格建造的，以内倾的方式逐渐向上延伸至顶部。

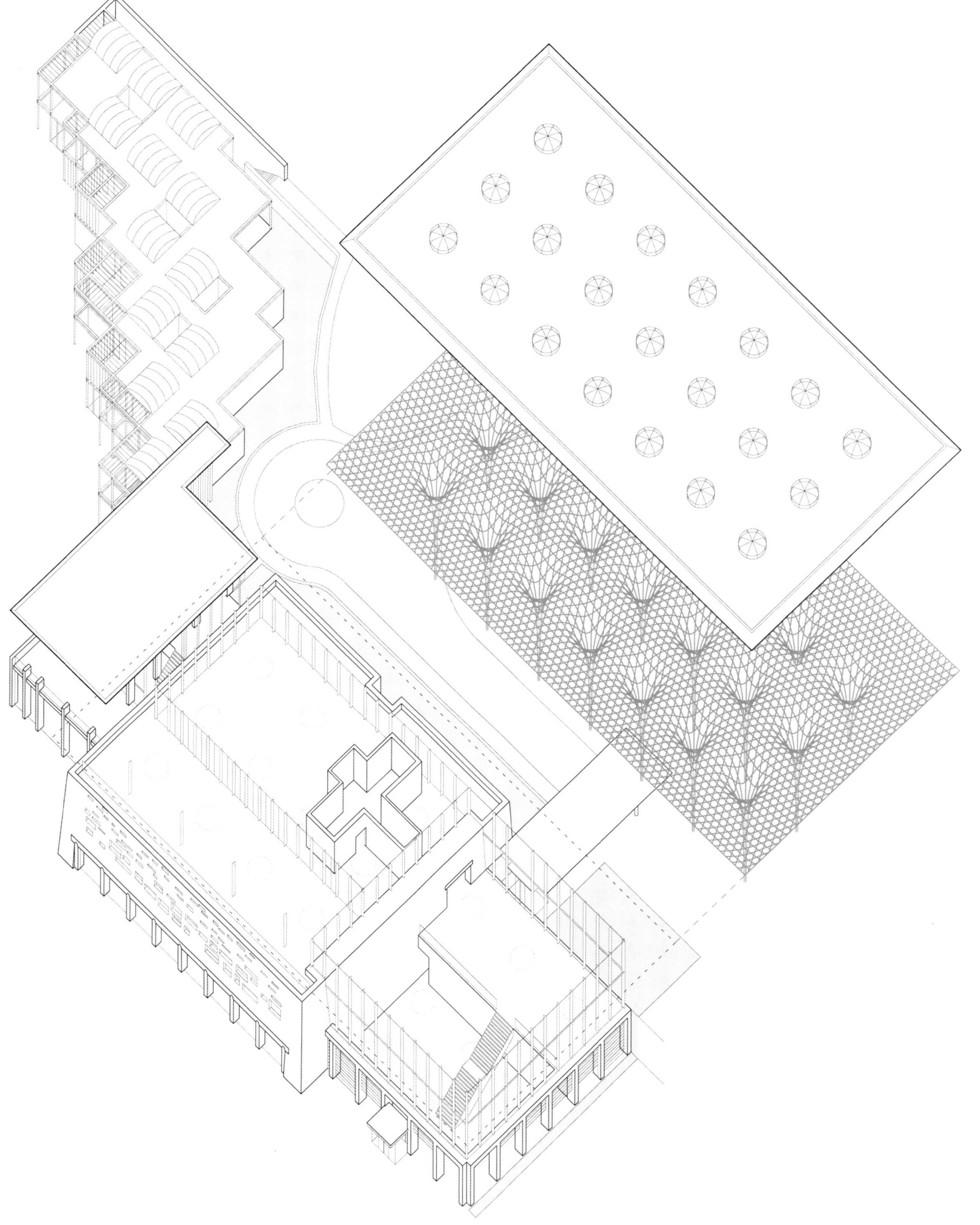

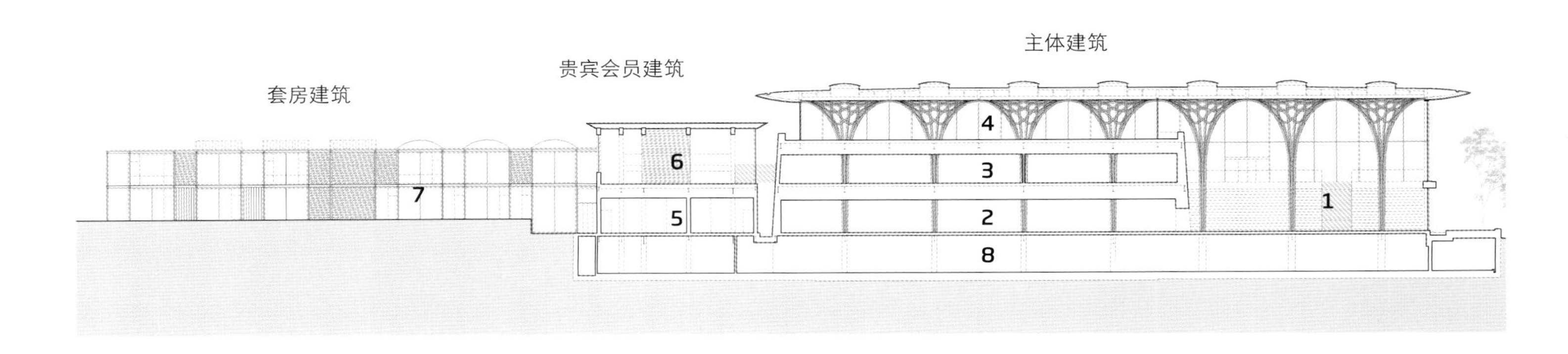

纵向截面图AA

1. 休息大厅
2. 餐厅
3. 浴室
4. 休息大厅
5. 水疗馆和浴室
6. VIP接待处
7. 套房
8. 停车场

0 800 1600 cm

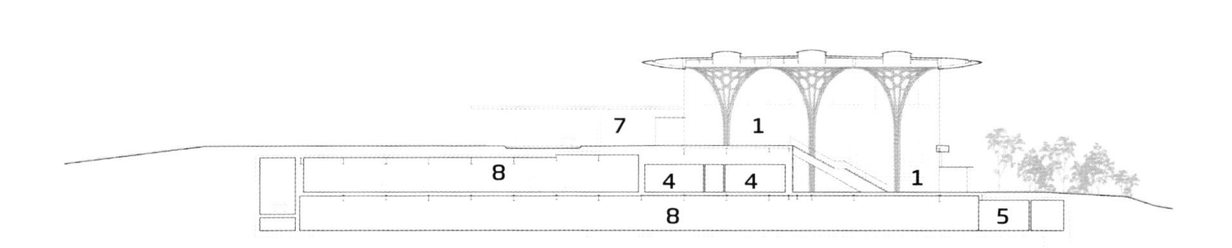

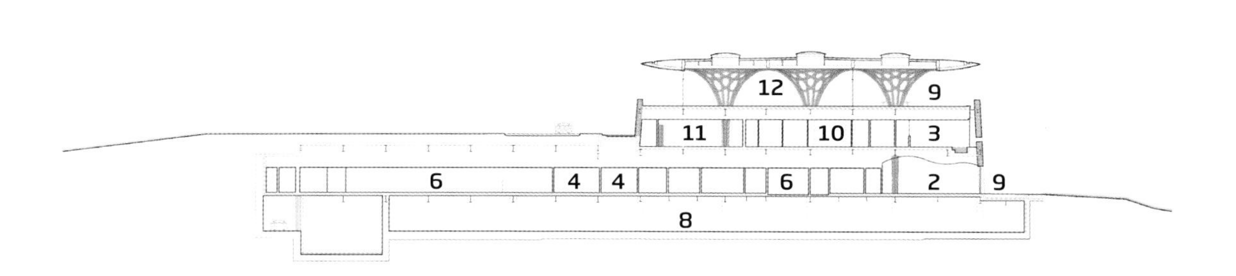

横向截面图

1. 休息大厅
2. 餐厅
3. 入口
4. 会议室
5. 机房
6. 办公室
7. 入口
8. 停车场
9. 露台
10. 更衣室
11. 商店
12. 宴会大厅

0 800 1600 cm

这里的会员接待区域、会员休息大厅和宴会大厅都采用了具有开放性和透明性的木质结构。而墩座石墙围成的区域内主要包括更为私密的更衣室、浴室、水疗馆和服务设施。此外，这里还设置了地下停车场。设计师在开放式中庭的透明幕墙上应用了叠层玻璃百叶窗，使中庭对外部形成完全开放的状态。还在上层的露台使用了落地式玻璃滑门，使宴会厅的内部与室外空间无缝地融合在一起。高达三层的木质结构暴露在外，也成为室内的装饰材料，由于这些巨大的木制结构采用了防火材料，因此得到了消防部门的批准。在建筑的内部，人们随处都可以感受到这些木料的温暖色调和自然的纹理。

TAMEDIA办公大楼

地点: 瑞士苏黎世 **时间:** 2014年 **当地建筑师:** Itten+Brechbuhl AG
结构工程师: Creation Holz GmbH **机械工程师:** 3-Plan Haustechnik AG
总承包商: HRS Real Estate AG **主要用途:** 办公 **设计时间:** 2008年4月—2010年12月
建设时间: 2011年5月—2013年3月 **占地面积:** 8000平方米
建筑面积(新建筑和扩建楼层): 10120平方米 **结构:** 木结构、钢筋混凝土

这个项目是为瑞士的媒体公司 TAMEDIA 设计的总部大楼，位于苏黎世中心地带的一个大型城市街区之内。大楼坐落在街区的东部，笔直的外观立面长达 50 米，与希尔运河相对。

从建筑学的角度看，该项目的主要特色就是重要的结构设计都采用了木质结构。除了在技术和环境方面的创新性之外，无论在内部观看，还是从周围的城市空间观看，这种结构都赋予了建筑与众不同的外观。为了强化并表达这一构思，整个建筑采用了玻璃外墙立面，并特殊关注了低能量排放的实现途径，从而符合瑞士最新的和极度严格的能耗规定。

这座七层建筑的东侧立面朝向城市，整个立面还形成了一个很有特色的“中间调节”空间，除了在总体能耗策略中起到“隔热保温幕墙”的作用之外，还通过休息区域和不同办公楼层之间的竖向连接创造了独特的空间体验。这些“阳台”可以用作非正式的会面和休息区域，这里还拥有采用伸缩式玻璃窗系统构成的外墙立面，使这些空间可以转变为开放的露天平台，从而加强了建筑内部与外部环境之间的特殊关系。

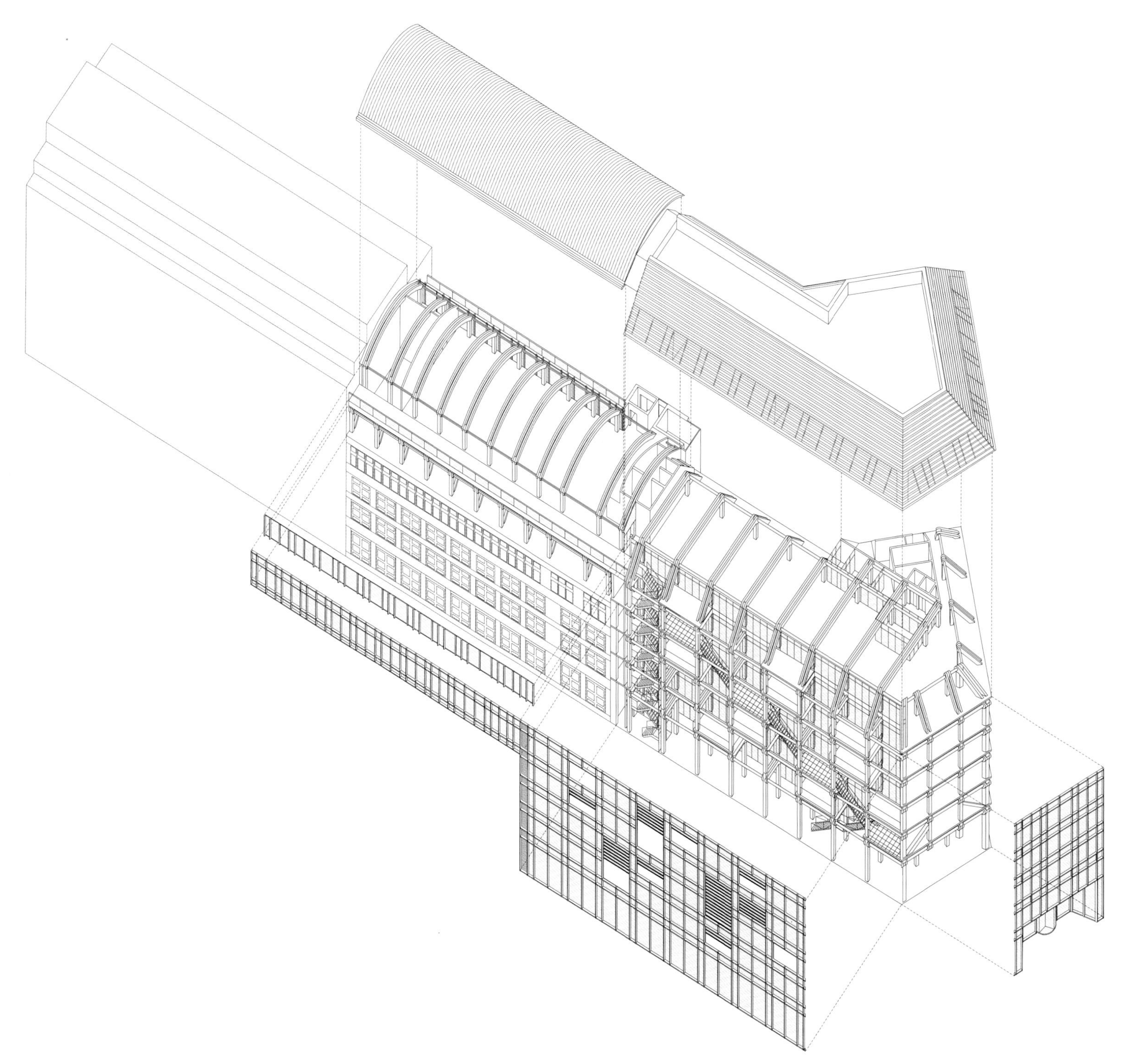

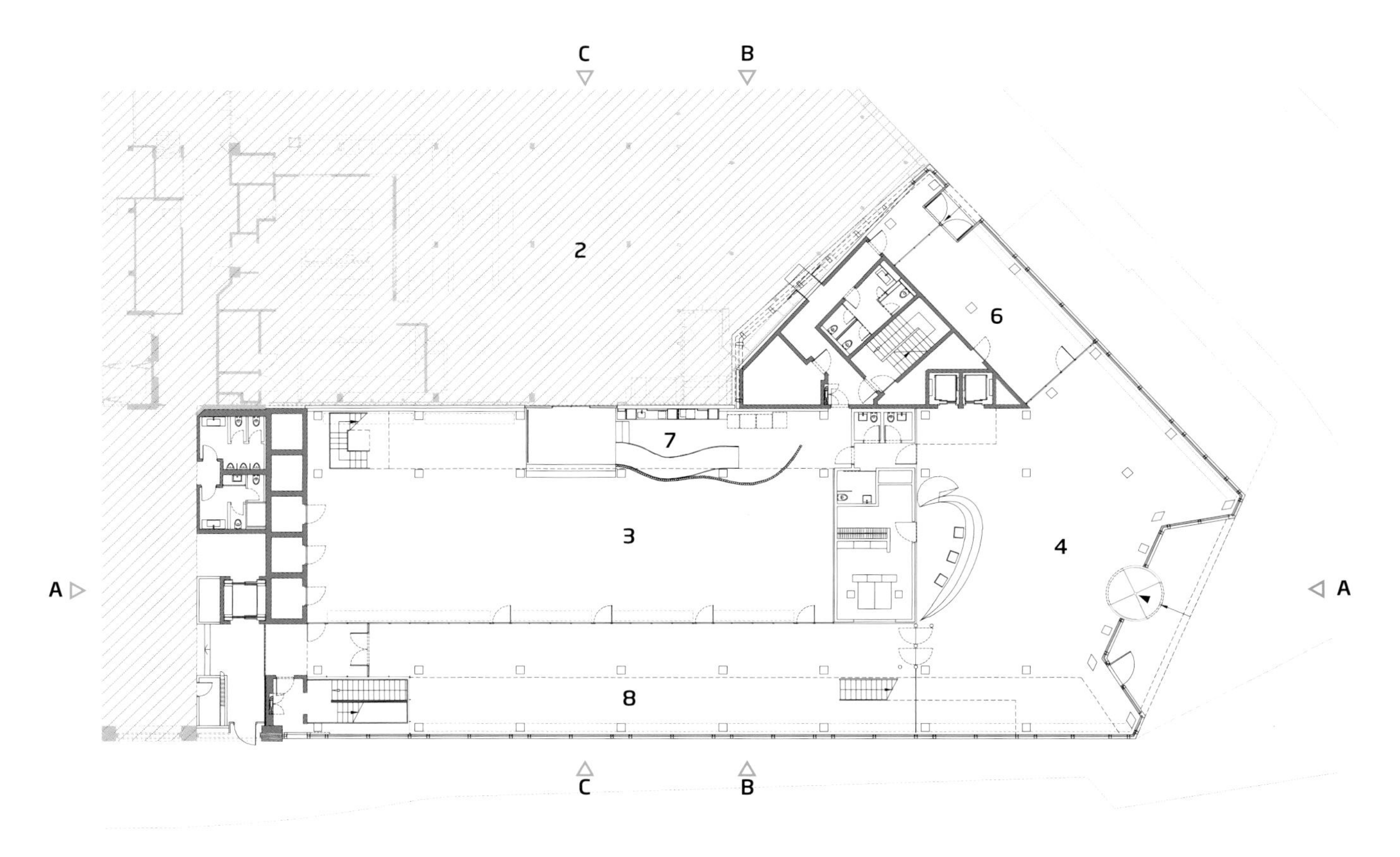

平面图

1. 办公室
2. 原有建筑
3. 多用途空间
4. 入口大堂
5. 储藏/技术室
6. 租用空间
7. 厨房角落
8. 休息区域
9. 缓步台

0 625 1250 cm

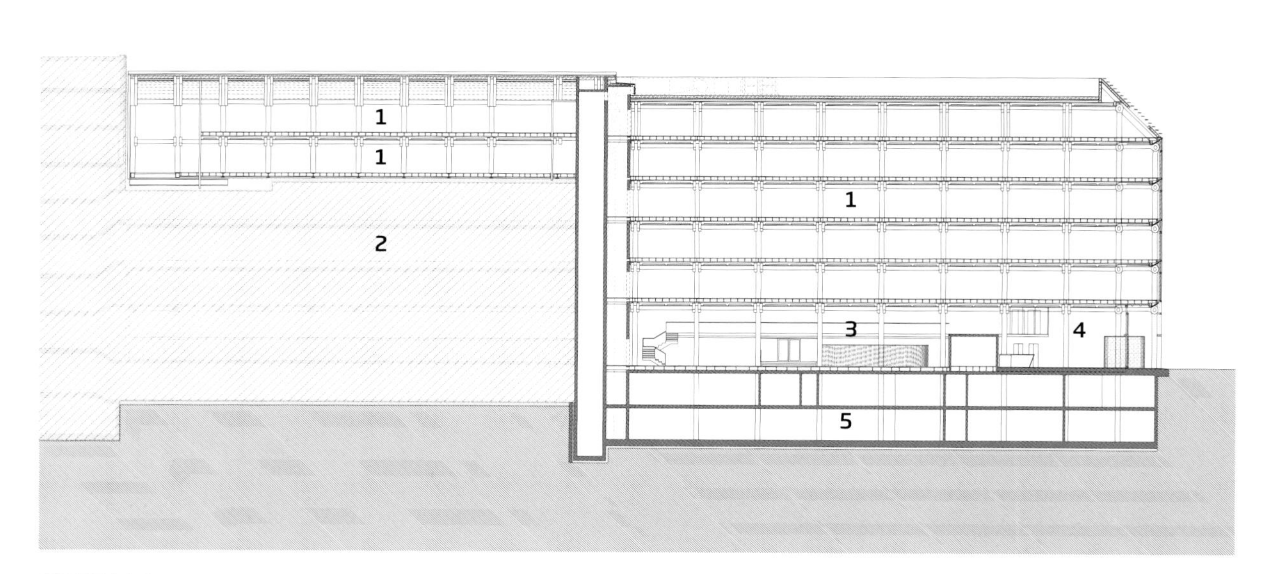

截面图AA

0 625 1250 cm

在很大程度上，该项目最重要的创新就是在主要的结构体系中采用了木制结构。以技术和环境的视角看，对于这种类型的办公大楼，木制结构是一种别具特色的解决方案，这些结构元素也为工作的环境氛围增添了视觉和空间上的特色。

选择木料作为主要的结构材料，还有助于保持建筑的可持续性（这是建设过程中使用的唯一的可再生材料，并且确实是产生二氧化碳最少的材料）。此外，项目团队还设计了全面的机械系统，以满足能源使用的最高标准。

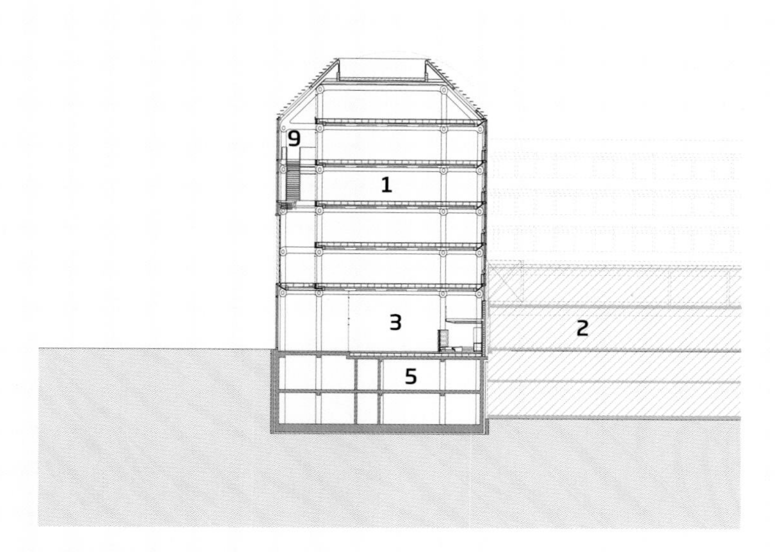

截面图BB

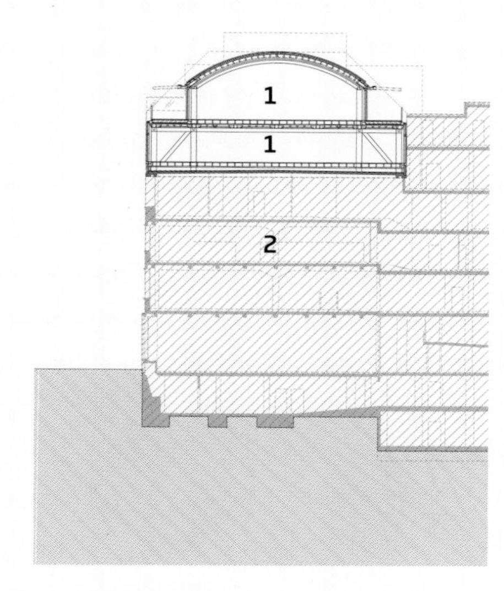

截面图CC

0 625 1250 cm

阿斯彭艺术博物馆

地点: 美国科罗拉多州阿斯彭 **时间:** 2014年 **项目团队:** 坂茂、迪恩·莫尔茨、妮娜·弗里德曼、扎卡里·莫兰、金基永、马克·高斯弗、耶西·莱文、克里斯蒂安·肖克、格兰特·铃木、石川贵之 **总承包商:** 特纳建设 **执行建筑师:** Cottle Carr Yaw 建筑事务所 **结构工程师:** KL&A, Inc. with Hermann Blumer(Création Holz Gmbh) **建设时间:** 2007年8月—2013年12月 **建筑面积:** 3065平方米

设计师以"热水瓶"原理为基础，运用了创新性的气候设计概念，将一些对气候变化具有更高容忍力的空间围绕在画廊空间的周围，因为那里的气候变化程度必须被降至最低。这些外围的"包装"空间支持流通性，以及与室外空间的视觉连接性。整个建筑的上层可以通过伸缩式的大规模可开启墙壁系统形成开放的空间，进一步加强了室内与室外之间的关联性，这也是艺术博物馆真正的独特之处。

除了创新的气候设计概念之外，这座建筑还最大化地利用了日光，同时可以直接对太阳能的增益进行调节。该建筑具有新颖独特的编织结构外部幕墙，以及由大跨度木结构空间框架支撑的屋顶，它们可以对从宽敞的玻璃幕墙和天窗进入的光线起到漫反射的作用。而玻璃地板的应用进一步提高了画廊空间的自然采光效果。

200S SPRIN

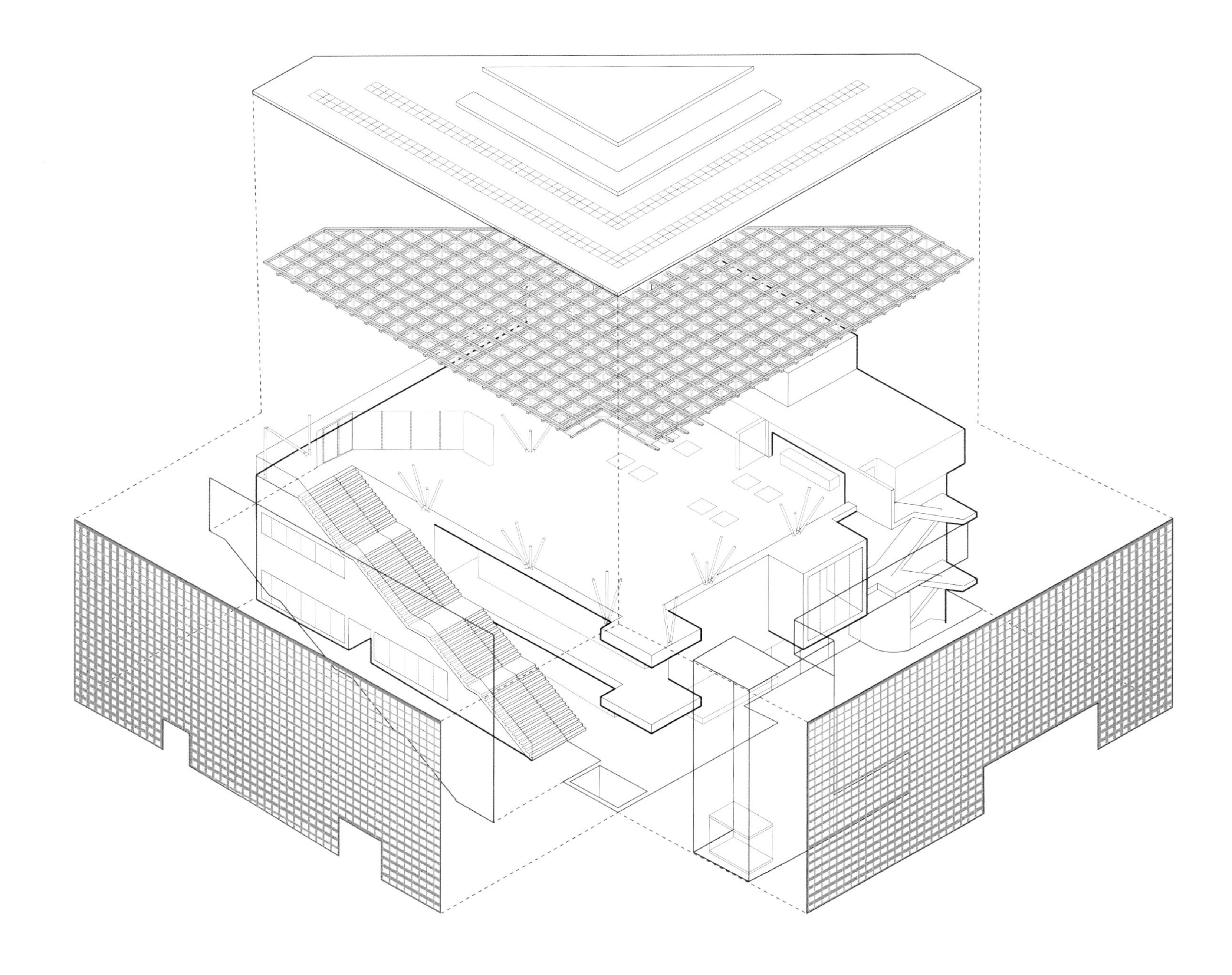

阿斯彭艺术博物馆的设计是以五个关键的设计元素为基础的：大楼梯、“移动房间”电梯、木屏、木制屋顶结构和“可移动”天窗。大楼梯的空间处于内部空间与幕墙之间，为人们到达公共屋顶提供了外部通道，同时为进入画廊提供了内部通道。

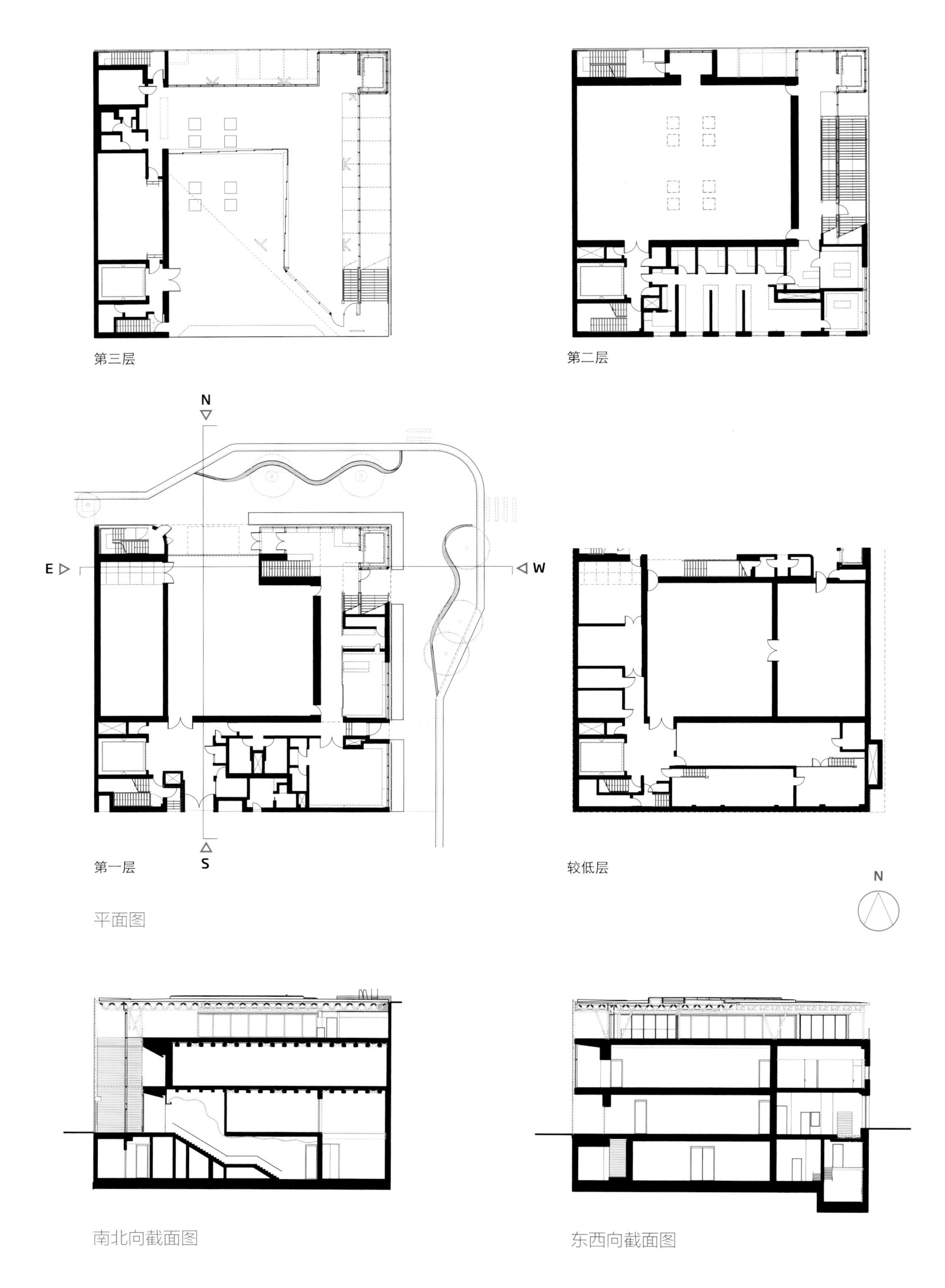

平面图

南北向截面图

东西向截面图

位于外部楼梯的移动艺术平台将画廊空间扩展到室外。移动房间也被称为玻璃接待处，包括一部大型的透明电梯，令博物馆的东北角充满了动感活力。游客可以从入口处上到阿斯彭博物馆唯一的公共屋顶，去体验引人入胜的绵延山景。两个主要立面上的木屏为建筑提供了遮阳的功能，也成为建筑的特色标志，并揭示了建筑和画廊空间的结构。光线穿过木屏上的开口后，在博物馆的主楼梯、走廊和入口空间投射出美丽的阴影。极具创新性的三角形木屋顶结构将内部空间覆盖在下面，屋顶的其余部分是一个露天平台。这种结构使天花板的内部更具深度和美感。设在屋顶雕塑花园和露台上的可移动天窗为下面的画廊空间带来了天然的光线，同时，较高的屋顶天窗也将光线投射到位置较低的天窗。

大分县艺术博物馆

地点: 日本大分 **时间:** 2014年 **总承包商:** 鹿岛建设
建设时间: 2013年4月—2014年10月 **占地面积:** 13518平方米
建筑面积: 16818平方米 **结构:** 钢材、钢筋混凝土(部分)

传统的博物馆通常是一个封闭的建筑,路过的行人无法知道里面正在举行什么活动,也失去了发现新的或不同艺术类型的机会。而这个博物馆的目的却是吸引那些并不是艺术爱好者的人们,让他们将博物馆作为聚会和交流的公共空间而经常来到这里参观。

在博物馆的一层,有一个高达两层的中庭,是由玻璃幕墙围成的开放空间,街道上的行人可以从这里看到博物馆内举行的活动。所有的参观者都可以免费进入中庭,享用这个公共的城市空间。在博物馆的 A 展厅内,建筑师设计了可移动式咖啡馆和商店,从而可以根据展览活动的空间布局需求而重新进行定位。在这个展览空间内,还可以使用移动式墙壁将中庭内的部分空间分隔成典型的封闭展室,或者将整个中庭改变成一个新颖的展览空间。每次举行新的展会,中庭空间都会随之产生新的变化,从而令每一位参观者都会对这个空间产生新的印象。

此外,中庭南侧临街的立面还设有可开启的双折玻璃门,完全打开后,可以形成一个半户外的公共空间,供参观者随意出入。这个空间的设计构思来自于传统的日本缘侧,这是一种带有顶盖的室外空间,用来作为传统日本住宅之间的外围边界。

佐賀関
大分港
日田
玖珠
210

平面图

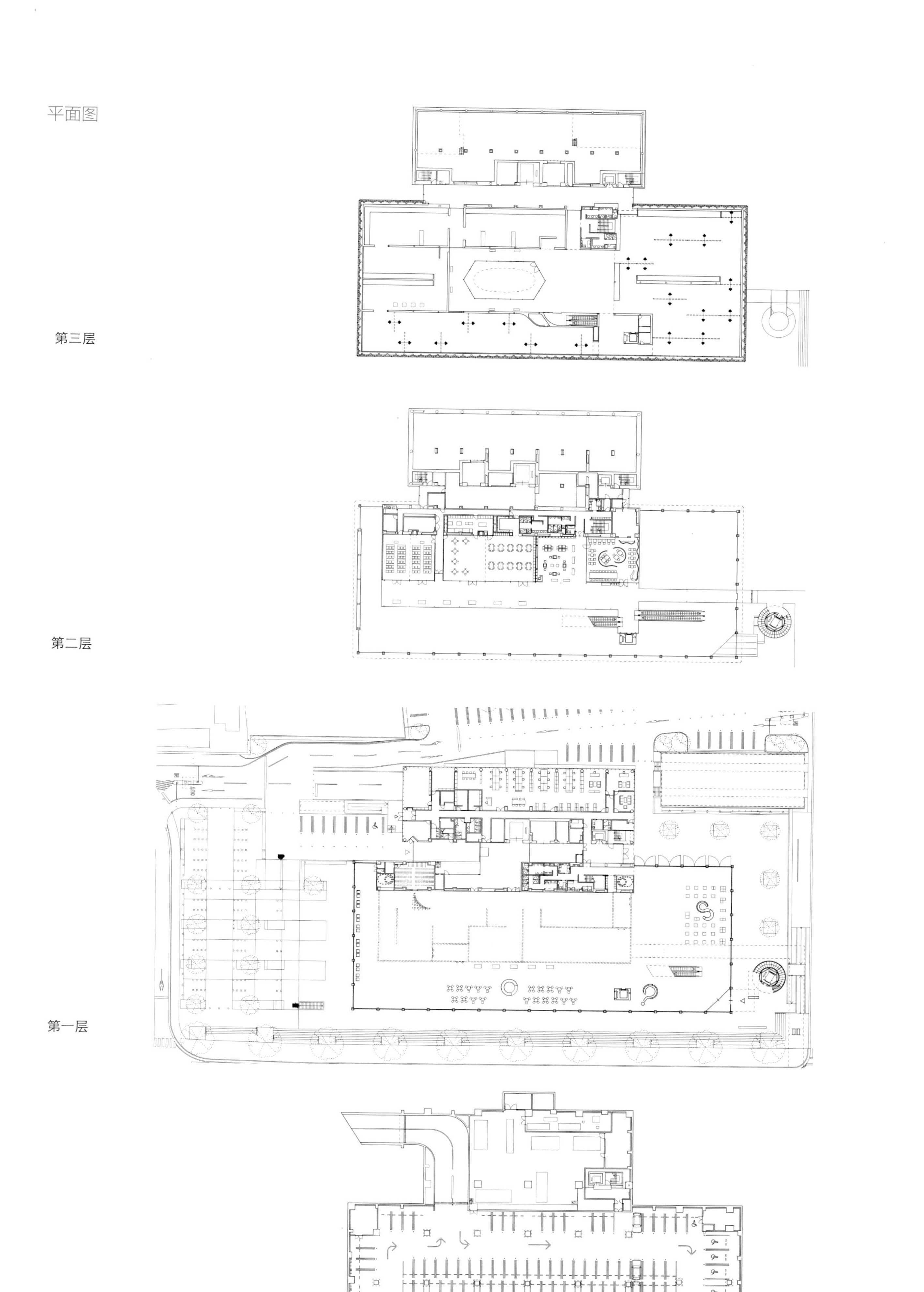

玻璃外墙立面可以在室内外之间创造一种视觉上的连接性，但是仍然是一个透明的实体墙壁将空间彼此分隔。通过移动这些墙壁，博物馆成为与城市相融的设施。另外，当城市将街道封闭后形成“行人天堂”时，街道就成为彼此相通的公共空间。博物馆还能与对面的文化中心一起举办各种大型活动，这两个中心文化设施进一步增强了城市的活力与精神。

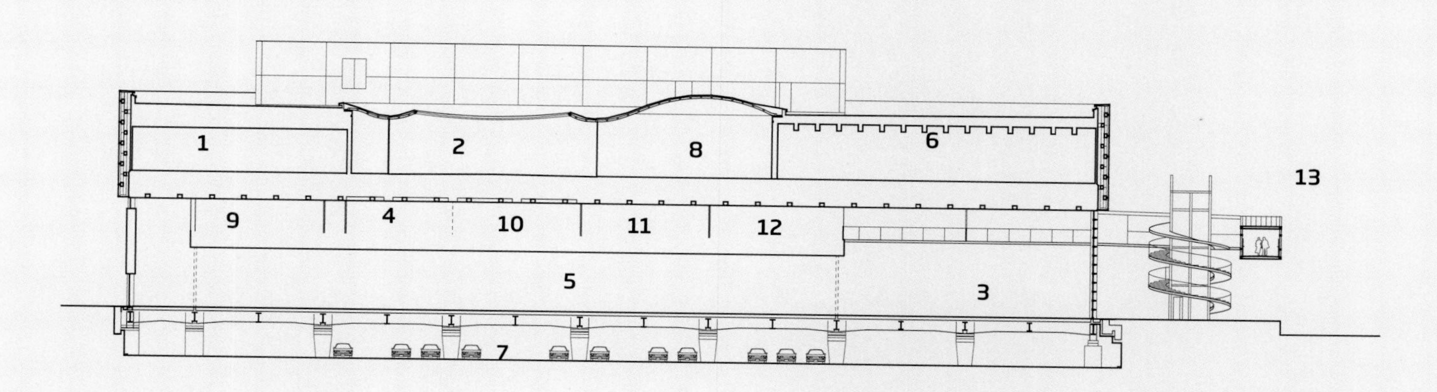

纵向截面图

1. 精品画廊
2. 室外展区
3. 中庭
4. 工作室
5. A展厅
6. B展厅
7. 停车场
8. 门厅
9. 报告厅
10. 工作间
11. 会议区
12. 咖啡厅
13. 行人天桥

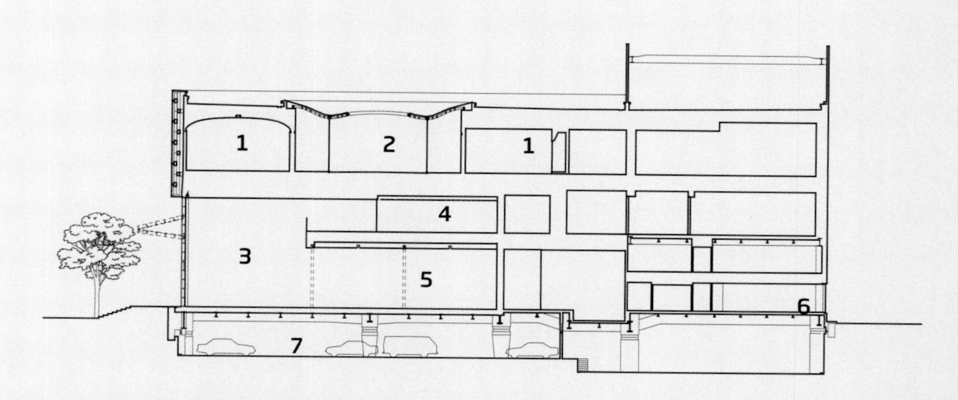

0 500 1000 cm

横向截面图

1. 精品画廊
2. 室外展区
3. 中庭
4. 工作室
5. A展厅
6. 办公室
7. 停车场

个人简介

1957年	出生于东京
1977—1980年	就读于南加利福尼亚建筑学院
1980—1982年	就读于纽约库珀联合建筑学院
1982—1983年	在日本东京Arata Isozaki & Associates工作
1984年	获得纽约库伯联盟建筑学院颁发的建筑学学士学位
1985年	在东京创立了坂茂建筑事务所
1993—1995年	担任多摩美术大学建筑系兼职教授
1995年	建立NGO，志愿建筑师网络（支持救灾）
1995—1999年	担任横滨国立大学建筑系兼职教授
	担任联合国难民事务高级专员顾问
1996—2000年	担任日本大学建筑系兼职教授
2000年	担任纽约哥伦比亚大学建筑系客座教授
	成为哥伦比亚大学Donald Keen中心的客座研究员
2001—2008年	担任庆应大学教授
2004年	成为美国建筑师协会名誉研究员
2005年	获得英国皇家建筑师协会国际研究员资格
	获得马萨诸塞州阿姆赫斯特学院人文文学名誉博士
2006年	成为加拿大皇家建筑学院名誉院士
2006—2009年	成为普利茨克建筑奖评委
2009年	获得慕尼黑工业大学荣誉博士学位
2010年	担任哈佛大学设计专业研究生院客座教授
	担任纽约州伊萨卡的康奈尔大学客座教授
2011年	开始担任京都艺术和设计大学教授
2014年	获得库珀联合建筑学院名誉博士学位
	成为日本建筑师学会名誉会员
	成为2014年的普立兹克建筑奖得主
2015年	开始再次担任庆应大学教授

其优秀作品包括帘幕墙住宅、汉诺威世界博览会日本展馆、尼古拉斯 G. 海耶克中心、梅斯的蓬皮杜中心

他还获得了多项奖励，包括法国建筑学院建筑金奖（2004 年）；阿诺德·W. 布鲁纳建筑纪念奖（2005　年）；AIJ 大奖（2009 年）；慕尼黑工业大学荣誉博士学位（2009 年）；法国艺术文化勋章（军官级别）（2010 年）；Auguste Perret 奖（2011 年）；日本文化事务署颁发的艺术奖（2012 年）；法国艺术文化勋章（司令级别）（2014 年）。更为完整的社会认可和其他成就请看 419 页。

注册：纽约州注册建筑师

认可与成就

获奖

1985	S. D. Review '85
1986	Design Competition for the redevelopment of Shinsaibashi, Osaka
	Display of the Year Japan for 'Emilio Ambasz' Exhibition
1988	Display of the Year Japan for the "Alvar Aalto" Exhibition
	Osaka Industrial Design Contest, First Prize: L Unit System
	S. D. Review '88
1989	Arflex Design Competition
1993	House Award, Tokyo Society of Architects
1995	Mainichi Design Prize
1996	Innovative Award, Tokyo Journal
	Yoshioka Prize
	JIA Kansai Architects
	Ecoplice House Competition, International Architects Academy
1997	The JIA Prize for the best young architect of the year
1998	Tohoku Prize, Architectural Institute of Japan: Tazawako Station
1999	ar+d, Architectural Review, UK: Paper Church
	Fourth International Festival for Architecture in Video by IMAGE, Italy
	Architecture for Humanity Design Award: Paper Log House
2000	The Augustus Saint-Gaudens Award from the Cooper Union, New York, USA
	Akademie der Künste (Berlin Art Award), Germany
2001	Nikkei New Office Award: GC Osaka Building
	Time Magazine Innovator of the Year
	World Architecture Awards 2001, Europe Category, Public/Cultural Category: the Japan Pavilion
	Gengo Matsui Award: Japan Pavilion
	Japan Society for Finishing Technology Prize: GC Osaka Building
2002	World Architecture Awards 2002, Best House in the World: Naked House
2004	Grande Médaille d'Or, Prix de l'Académie d'Architecture de France
2005	Thomas Jefferson Medalist in Architecture
	Arnold W. Brunner Memorial Prize in Architecture
	AIA New York Chapter Design Awards-Project Honors: Nomadic Museum, New York
2007	MIPIM Awards 2007, Residential Developments First Prize, and Special Tribute: Kirinda Project, Sri Lanka
2008	Urban Land Institute Awards for Excellence, Finalist: Kirinda Project, Sri Lanka
2009	Japan Project International Award, Student Jury's Award: Chengdu Hualin Elementary School, China
	AIJ Grand Prize: Nicolas G. Hayek Center
	Honorary Doctorate from Technische Universität München
2010	International Architecture Awards, Grand Prize: Haesley Nine Bridges Golf Clubhouse
	International Award for Sustainable Architecture, Gold Medal: Haesley Nine Bridges Golf Clubhouse
	L'Ordre des Arts et des Lettres, France (officer grade)
2011	Auguste Perret Prize
	Ordre National du Mérite,France (officer grade)
2012	Mainichi Art Prize
	Art Prize from the Japanese Agency for Cultural Affairs
	KALMANANI prize 2012, Mexico City
2013	Elle Décor Design Award 2013: Wall Covering–Module H, Hermès Maison
	iF Design Award: lamp Yumi, Fontana Arte
2014	Good Design Award: lamp Yumi, Fontana Arte 2014
	Pritzker Architecture Prize
	Joie de Vivre Award
	Kyoto City Artistic and Cultural Commendations Sparkle Award
	L'Ordre des Arts et des Lettres, France (commander grade)

	Asia Game Changers Awards (Asia Society, New York)
2015	Asahi Prize
	The World Economic Forum's Crystal Award (World Economic Forum, Davos, Switzerland)
	Shigemitsu Award
	Posey Leadership Award
	archdaily Building of the Year 2015–Hospitality Architecture: Haesley Nine Bridges Golf Clubhouse
2016	JIA Grand Prix 2015: Oita Prefectural Art Museum

作品

1985	"Emilio Ambasz" exhibition design, Axis Gallery, Tokyo, Japan
1986	"Emilio Ambasz" exhibition design, La Jolla Museum of Contemporary Art, San Diego, California, USA
	"Alvar Aalto" exhibition design, Axis Gallery, Tokyo, Japan
	"Judith Turner" exhibition design, Axis Gallery, Tokyo, Japan
	Villa TCG, Nagano, Japan
1987	Villa K, Nagano, Japan
1988	Three Walls, Studio for an Architect, Tokyo, Japan
1989	Osaka Shipyard re-development master plan, Osaka, Japan
	M Residence, Tokyo, Japan
	Takahashi Residence addition, Kanagawa, Japan
	"Zanotta Furniture Show" exhibition design, TEPIA Gallery, Tokyo, Japan/Montreal, Canada
	"Emilio Ambasz" exhibition design, Musée des Arts Décoratifs, Paris, France
	Paper Arbor, Design Expo '89, Aichi, Japan
1990	Villa Torii, Nagano, Japan
	Odawara Festival Main Hall, East Gate, Kanagawa, Japan
	Villa Sekita, Yamanashi, Japan
1991	Villa Kuru, Takeishimura, Nagano, Japan
	I House, Tokyo, Japan
	Library of a Poet, Kanagawa, Japan
	Studio for Vocalists, Tokyo, Japan
1992	Complex by the Railroad, Tokyo, Japan
	PC Pile House, Shizuoka, Japan
	Housing at Shakujii Park, Tokyo, Japan
1993	Yoshida House, Ishikawa, Japan
	House with a Double-roof, Yamanashi, Japan
	"Emilio Ambasz" exhibition design, Tokyo Station Gallery, Tokyo, Japan
	Factory at Hamura–Dengyosya, Tokyo, Japan
1994	"Emilio Ambasz" Exhibition design, Centro Cultural Arte Contemporaneo, Mexico
	"Emilio Ambasz" Exhibition design, Triennale di Milano, Milan
	Issey Miyake Gallery, Tokyo, Japan
	House for a Dentist, Tokyo, Japan
1995	2/5 House, Hyogo, Japan
	Paper Church, Kobe, Hyogo, Japan (disaster relief project after Kobe earthquake)
	Paper Log House, Kobe, Hyogo, Japan (Disaster relief project after Kobe Earthquake in 1995)
	Paper House 1, Yamanashi, Japan
	Furniture House, Yamanashi, Japan
	Curtain Wall House, Tokyo, Japan
1996	Furniture House 2, Kanagawa, Japan
	GC Dental Shows, Osaka, Japan
	Nova Oshima Temporary Showroom, Tokyo, Japan
1997	Nine-Square Grid House, Kanagawa, Japan
	Paper Stage Design, Kabuki-za Theater, Tokyo, Japan
	Hanegi Forest, Tokyo, Japan
	Wall-less House, Nagano, Japan
	Tazawako Station and Community Center, Akita, Japan
1998	Furniture House 3, Kanagawa, Japan
	Ivy Structure House 1, Tokyo, Japan
	Issey Miyake Paris Collection Stage Set Design, Paris, France

	Paper Dome, Gifu, Japan
1999	Paper Emergency Shelters for UNHCR, Byumba Refugee Camp, Rwanda
	Nemunoki Children's Art Museum, Shizuoka, Japan
2000	Ivy Structure House 2, Tokyo, Japan
	Japan Pavilion, Expo 2000, Hanover, Germany
	Paper Log House, Kaynasli, Turkey (disaster relief project after western Turkey earthquake of 1999)
	GC Osaka Building, Osaka, Japan
	Paper Arch at MoMA Garden, New York, USA
	Naked House, Saitama, Japan
2001	Veneer Grid Roof House, Chiba, Japan
	Paper Log House India, Bhuj, Gujarat, India (disaster relief project after Gujarat Earthquake in 2001)
	Imai Hospital Daycare Center, Akita, Japan
2002	Bamboo Roof, Rice University Art Gallery, Houston, Texas, USA
	Paper Art Museum, Shizuoka, Japan
	Atsushi Imai Memorial Gymnasium, Akita, Japan
	Plastic Bottle Structure, Shanghai Art Museum, Shanghai, China
	Bamboo Furniture House, Great Wall at Shui Guan, China
2003	Paper Studio, Keio University, Kanagawa, Japan
	Glass Shutter House, Tokyo, Japan
	Exhibition Design for "Territoire partagés: l'archipel métropolitain," Pavillon de l'Arsenal, Paris, France
	Nomadic Paper Dome, Utrecht/Amsterdam, Netherlands
	Shutter House for a Photographer, Tokyo, Japan
	Hanegi Forest Annex, Tokyo, Japan
2004	GC Nagoya Building, Aichi, Japan
	Centre d'Interprétation du Canal de Bourgogne–Boat House, Pouilly-en-Auxois, France
	Paper Temporary Studio, Centre Pompidou, Paris, France
2005	Centre d'Interprétation du Canal de Bourgogne–Institute, Pouilly-en-Auxois, France
	Nomadic Museum, New York, USA
	Post-Tsunami Rehabilitation House, Krinda, Hambantota, Sri Lanka (disaster relief project after tsunami caused by the Sumatra Earthquake of 2004)
	Mul(ti)house, Mulhouse, France
2006	Maison du Projet, Metz, France
	Nomadic Museum, Santa Monica, California, USA
	Maison E, Fukushima, Japan
	Dormitory H, Fukushima, Japan
	Atelier for a Glass Artist, Tokyo, Japan
	Seikei University Library, Tokyo, Japan
	Papertainer Museum, Seoul, South Korea
	Sagaponac House, Long Island, New York, USA
	Pavilion for Vasarely Foundation, Aix-en-Provence, France
	Papillon Pavilion for Louis Vuiton Icônes Exhibition, Paris, France
	Versailles Off Stage, Versailles, France
	Singapore Biennale Pavilion 2006, Singapore
2007	Nomadic Museum, Tokyo, Japan
	Artek Pavilion, Milan, Italy
	Takatori Church, Kobe, Hyogo, Japan
	Nicolas G. Hayek Center–Tokyo headquarters of Swatch Japan, Tokyo, Japan
	Paper Bridge, Pont du Gard, France
	British International Kindergarten, Seoul, South Korea
	GC Oyama Factory, Shizuoka, Japan
2008	Davines Groupe Booth at Salone, Bologna, Italy
	Paper Tea House, London, UK
	Seikei Elementary School, Tokyo, Japan
	Singapore Biennale Pavilion 2008, Singapore
	Paper Dome, Taiwan
	Hualin Elementary Temporary School, Chengdu, Sichuan, China (disaster relief project after the Sichuan Earthquake of 2008)
2009	Crescent House, Shizuoka, Japan

	Paper Tower for London Design Festival, London, UK
	Quinta Botanica, Algarve, Portugal
	House at Hanegi Park - Sakura, Tokyo, Japan
	Ovaless House, Fukushima, Japan
	House for Make It Right, New Orleans, Louisiana, USA
	Hong Kong Shenzhen Bi-City Biennale Pavilion, Hong Kong, China
2010	Haesley Nine Bridges Golf Clubhouse, Yeoju, Gyeonggi, South Korea
	Center Pompidou Metz, France
	Japan Industry Pavilion, Shanghai Expo 2010, Shanghai, China
	Paper Emergency Shelters, Haiti (disaster relief project after the Haiti Earthquake of 2010)
	Villa Vista, Weligama, Sri Lanka
	House at Hanegi Park–Vista, Tokyo, Japan
	Taschen Frankfurt Book Fair Booth, Frankfurt, Germany
	Metal Shutter House, New York, USA
2011	Kushinoya, Osaka, Japan
	L'Aquila Temporary Concert Hall, L'Aquila, Italy
	Pavilion for Hermès Home Collection, Milan, Italy/Tokyo, Japan
	Davines Groupe Booth at Salone, Bologna, Italy
	Temporary structures for Musée du Luxembourg, Paris, France
	Paper Partition System 4, Iwate, Miyagi, Fukushima, Japan
	(disaster relief project for the East Japan Earthquake and Tsunami of 2011)
	Container Temporary Housing, Community Center, Paper Atelier, Miyagi, Japan
	(disaster relief project for the East Japan Earthquake and Tsunami 2011)
2011-2012	Camper Pavilion, Alicante, Spain; Sanya, China; Miami, USA; Lorient, France
2012	Camper NY SOHO, New York, USA
	Module H–Hermès Maison, Milano Salone 2012, Milan, Italy
2012	Temporary Pavilion for Garage Center for Contemporary Culture, Moscow, Russia
2013	Disaster Relief Center, Kyoto University of Art and Design, Japan
	New Temporary House
	Paper Pavilion–IE Business School, Madrid, Spain
	Temporary Pavilion for Rietberg Museum, Zurich, Switzerland
	Tamedia New Office Building, Zurich, Switzerland
	Cardboard Cathedral, Christchurch, New Zealand
	Villa at Sengokubara, Kanagawa, Japan
	Yakushima Takatsuka Lodge, Kagoshima, Japan
	Abu Dhabi Art Pavilion, Abu Dhabi, UAE
	Calypso, Shanghai, China
2014	Paper Nursery School, Yaan, Sichuan, China
	Paper Log House Philippines, Daanbantayan, Cebu, Philippines
	(disaster relief project after Typhoon Hainan in the Philippines in 2013)
	Football Pavilion 2014, Embassy of Brazil, Tokyo, Japan
	LVMH Children's Art Maison, Fukushima, Japan
	Aspen Art Museum, Aspen, Colorado, USA
	Skolkovo Golf Club, Moscow, Russia
2015	Onagawa Station, Miyagi, Japan
	Nepal project, Kathmandu, Nepal (disaster relief project after the Nepal earthquake of 2015)
	Oita Prefectural Art Museum, Japan
	Solid Cedar House, Yamanashi, Japan

竞赛

2001	Tokyo Guggenheim Tokyo, Odaiba, Tokyo, Japan (finalist)
	Reitberg Museum Competition, Zurich, Switzerland (finalist)
2002	Eda Multi-Unit Housing Competition, Tokyo, Japan
	World Trade Center Competition, New York, USA (second prize)
2003	Planning and Design of Haihe Square and Heiping Road Area, Tianjin, China
	American University of Beirut–New School of Business Competition, Beirut, Lebanon
	Centre Pompidou Metz Competition, Metz, France (finalist)

2004 Nicolas G. Hayek Center, Tokyo Headquarters of Swatch Japan, Tokyo, Japan (finalist)
Veloqx, Tokyo, Japan
GC Headquarters, Tokyo, Japan
2005 Renault Trucks, Lyon, France
Swatch Boutique Competition
2006 Kamisato Highway Oasis, Saitama, Japan
Orange County Museum of Art, Newport Beach, California, USA
2007 Sheikh Zayed National Museum Competition, UAE (finalist)
Louis Vuitton Midosuji Maison, Osaka, Japan
Keio University New School Building Proposal, Tokyo, Japan
2008 Zagreb Airport New Terminal Competition, Croatia (second prize)
Haram Makkah Expansion Project Proposal
2009 Grotte Chauvet, Ardèche, France
Museum of Image and Sound Proposal, Rio de Janeiro, Brazil
Broad Art Foundation Museum Proposal, Los Angeles, California, USA
Thematic Pavilion Expo 2012, Yeosu, South Korea
Urban Island Crossing, UAE
2010 Kazakh Drama Theater, Astana, Kazakhstan
Hakushima Station, Hiroshima, Japan
Environmental Sciences Museum, Mexico
Residential Building on Quai Henri IV, Paris, France
2011 New Headquarters for Swatch and new production building for Omega, Biel, Switzerland (finalist)
2012 Oita Prefecture Museum of Art, Japan (finalist)
Lyon Confluence–PLOT P <SEN>, Lyon, France
National Library of Israel
New National Stadium, Tokyo, Japan
Footbridge–La Passarelle Claude Bernard, Paris, France
Monaco Condominium, Monaco
2013 Water Towers Hafencity–Sustainable Residential Towers, Hamburg, Germany (finalist)
Odawara City Art and Culture Center, Odawara, Japan
M+(Museum Plus), Design Competition, Hong Kong, China
La Seine Musicale de l'Ile Seguin,Boulogne-Billancourt, France (finalist)
2014 Aspen Art Museum, Colorado, USA (first prize)
Mount Fuji World Heritage Center, Japan (finalist)
Mount Fuji Shizuoka Airport, Shizuoka, Japan (finalist)
Tainan Museum of Fine Arts, Tainan, Taiwan (finalist)
2015 Le Monde, Paris, France
Complex Building Competition, Japan
Yufu City Tourist Information Center, Japan (most suitable project)
Oita Prefectural College of Arts and Culture, Japan
Oita Indoor Sports Center, Japan
ZAC Bordeaux Saint-Jean Belcier, Mokuzai/Bouscát, Bordeaux, France
Réinventer Paris, Salle de Spectacles et de Concerts & Halle Sud Marche, Paris, France
2016 New multipurpose hall, Osaka, Japan
New Civic Hall, Ibaraki, Japan
Kurhaus in Nagayu Onsen, Taketa, Oita, Japan (Grand prix)

工业设计

1986 Interior Light–J. T. Series, Daiko
1988 Multipurpose Exhibition Panel, ITOKI
1993 L Unit System, Nishiwaki Kohso
1997 Papertube and Plywood Stool
1998 Carta Collection, Cappellini
2004 Scale Pen, ACME Studios
2008 Cup and Saucer
2009 Scale 1/30–Fruit Bowl
Carbon Fiber Chair

	L Unit System, Artek
2010	Olivari
2011	Yumi, Floor Lamp, Fontana Arte
2012	Module H, Hermès Maison
2015	Carta Collection (Carta Furniture Series), Cappellini

平面设计

1986	Book Design, Judith Turner, Photographer
1987	Book Design, The Garden for Rabbits, Mutsuro Takahashi
	Calendar Design, Judith Turner, Naka Kogyo

展览

1984	*Japanese Designer in New York*, Gallery 91, New York, USA
1985	*S. D Review '85*, Hillside Terrace Gallery, Tokyo, Japan
	Adam in the Future, SEIBU Shibuya, Tokyo, Japan
1987	Tokyo Tower Project, "40 Architects under 40," Axis Gallery, Tokyo, Japan
1988	*Models from Architect's Ateliers*, Matsuya Gallery, Tokyo, Japan
1989	*Neo-Forma*, Axis Gallery, Tokyo, Japan
1990	Last Decade 1990, Matsuya Gallery
	Virgin Collections, Guardian Garden, Ginza, Tokyo, Japan
1993	*Hardwares by Architects*, Hanegi Museum, Tokyo, Japan
	GA Japan League '93, GA Gallery, Tokyo, Japan
	Chairs by Architects, Hanegi Museum, Tokyo, Japan
1994	*Architecture of the Year '94*, Metropolitan Plaza
	GA Japan-League '94, GA Gallery, Tokyo, Japan
1995	*Paper Church and Volunteers*, INAX Gallery, Osaka, Japan
	Paper Church, Matsuya Gallery, Ginza, Tokyo, Japan
1996	*Paper Church and Volunteers at Kobe*, Kenchikuka Club, Aichi, Japan
1997	*Stool Exhibition 3*, Living Design Center OZONE, Tokyo, Japan
	GA Japan League '97, GA Gallery, Tokyo, Japan
	Resurrection of Topos 3, Hillside Terrace Gallery, Tokyo, Japan
1998	*GA House Project 1998*, GA Gallery, Tokyo, Japan
	'97 JIA Prize for the best young Architect of the year, Tokyo, Japan
	GA Japan League '98, GA Gallery, Tokyo, Japan
1999	*Shigeru Ban*, Ifa, France
	Cities on the Move, Hayward Gallery, London, UK
	Un-Private House, Curtain Wall House, MoMA, New York, USA
	ARCHILAB, Orleans, France
	Future Show, Bologna, Italy
	SHIGERU BAN, Projects in Process, Gallery MA, Tokyo, Japan
	GA House Project 1999, GA Gallery, Tokyo, Japan
2000	*Paper Show by Takeo & Nippon Design Center*, Spiral Hall, Tokyo, Japan
	Japan Pavilion Hannover 2000, Renate Kammer Architektur und Kunst, Germany
	Venice Biennale, Italy
2001	*Recent Projects*, Zumtobel Light Forum, Vienna, Austria
	Paper Tea House, Space TRY, Tokyo, Japan
	Recent Projects, AEDES East Forum, Berlin, Germany
	GA House Project 2001, GA Gallery, Tokyo, Japan
2002	*GA Japan*, Rietberg Museum Competition, GA Gallery, Tokyo, Japan
	Bamboo Roof, Rice University Art Gallery, Houston, Texas, USA
	Recent Projects, Arc en rêve, Bordeaux, France
	Recent Projects, La Galerie d`Architecture, Paris, France
2003	*GA Houses, Villa Arno*, GA Gallery, Tokyo, Japan
	GA Houses 2003, Shutter House for a Photographer, GA Gallery, Tokyo, Japan
	Paper, Wood & Bamboo, Structural Innovation in the Work of Shigeru Ban,

	Harvard Design School, Cambridge, Massachusetts
2004	*New Trends of Architecture in Europe and Japan*, traveling exhibition, Europe and Asia
	International Competition of Architecture–Centre Pompidou Metz–The 6 Projects of Finalists, Centre Pompidou Paris, France
	Venice Biennale, Centre Pompidou Metz, Venice, Italy
	Toward the Future: Museums by Japanese Architects, traveling exhibit, Japan
	Arti & Architettura 1900–2000, Japan Pavilion Hannover 2000, Plazzo Ducale, Genoa, Italy
	Word Museums for a new millennium, Centre Pompidou Metz, traveling exhibition, five museums in Japan
2005	*SAFE*, Paper Log House, MOMA, New York, USA
	ARCHI LAB, Paper Church, Paper Log House, Paper Dome, Mori Art Museum, Tokyo, Japan
2006	*Recent Projects*, Faux Mouvement, Metz, France
2007	*GA Houses*, Dellis Cay Resort Development West Beach Villa, GA Gallery, Tokyo, Japan
	Alvar Aalto through the Eyes of Shigeru Ban, Barbican, London, UK
2008	*Shelter x Survival*, Paper Log House, Hiroshima City Museum of Contemporary Art, Hiroshima, Japan
	GA Houses, Picture Window House II, GA Gallery, Tokyo, Japan
2009	*Tokyo Fiber*, Milan, Tokyo, Japan
	Dialogues for Emergency Architecture, National Art Museum of China, Beijing, China
2009	*Frontiers of Architecture*, Louisiana Museum of Modern Art, Humlebæk, Denmark
2011	*The world of Shigeru Ban Exhibition*, Hyogo, Japan
2012	*Architecture for dogs*, Paper Papillon, Miami, USA
	Japan Foundation Architecture Exhibition, Sendai, Japan / Paris, France
2013	*Shigeru Ban–Architecture and Humanitarian Activities*, Art Tower Mito, Ibaragi, Japan
	The humanitarian adventure: Reducing Natural Risks, Red Cross Museum, Switzerland
	Architecture for dogs, Paper Papillon, Gallery-Ma, Tokyo, Japan
2014	*Shigeru Ban: Humanitarian Architecture*, Aspen Art Museum, USA
	JP-CH 2014: Building in Context–Contemporary Japanese Architecture in Switzerland, Aoyama Spiral Garden, Tokyo, Japan
	Japan Architects 1945–2010, 21st Century Museum of Contemporary Art, Kanazawa, Japan
	Architecture since 3.11, 21st Century Museum of Contemporary Art, Kanazawa, Japan
2015	*The British Museum Exhibition: A History of the World in 100 Objects*, Tokyo Metropolitan Art Museum, Tokyo, Japan
	Shigeru Ban–Paper Tube Structures and Disaster Relief Projects, Lifestyle Design Center, Tokyo, Japan
	Japon, l'archipel de la maison, Hanegi Forest Annex, Cité de l'architecture & du patrimoine, Paris, France
2016	*Réinventer Paris, Expositions des résultats de l'appel à projets urbains innovants*, Pavillon de l'Arsenal, Paris, France
	Sublime. Les tremblements du monde, Paper Log House Kobe, Centre Pompidou Metz, France

个人介绍

1998	*JA30, SHIGERU BAN*, The Japan Architect, Japan
	Paper Tube Architecture from Rwanda to Kobe, Chikuma Shobo Publishing Co., ltd., Japan
1999	*SHIGERU BAN, Projects in Process*, TOTO Shuppan, Japan
2001	*Shigeru Ban*, Princeton Architectural Press, USA
2003	*Shigeru Ban*, Matilda MacQuaid, Phaidon Press, New York/London
2008	*Shigeru Ban*, lorena Alessio, EDIL Stampa, Italy
2009	*Shigeru Ban Paper in Architecture*, Rizzoli, New York, USA
2010	*Voluntary Architects' Network*, INAX publication, Japan
	Shigeru Ban. Complete Works 1985–2010, Philip Jodidio, Taschen, Cologne, Germany
2011	*Shigeru Ban*, Hachette Fascicoli, Italy
2012	Shigeru Ban, Philip Jodidio, Taschen, Cologne, Germany
2013	*How to make Houses–Shigeru Ban*, Heibonsha, Japan
	SHIGERU BAN, NA Architects Series 07, Nikkei BP, Japan
2015	*Shigeru Ban*. Complete Works 1985–2015, Philip Jodidio, Taschen, Cologne, Germany
2016	*Shigeru Ban*, revised edition, Philip Jodidio, Taschen, Cologne, Germany

图片版权信息

所有草图、效果图和平面图均由建筑师提供，在此特别列出摄影作品的版权信息。

© courtesy of the architect 44-5, 47, 47-9, 60-5, 130-1, 133, 156-60, 163, 192-3, 195, 196, 182-4, 186-7, 189, 198-201, 224-7, 229-32, 234-5, 300-3, 305-9

© Didier Boy de la Tour 15, 68-70, 72-7, 80-6, 88-9, 238-41, 242, 244-5, 354-6, 359, 360-5, 384-6, 390-1 430-1

© Bridgit Anderson 217 (top)

© Stephen Goodenough 212-14, 217 (middle, bottom), 219-21

© Hiroyuki Hirai 20-2, 24-5, 37-8, 40, 116-19, 122-7, 150-2, 166-8, 204-6, 209, 270-2, 275, 279-86, 290-2, 294-6, 320-2, 324-6, 338-40, 342, 345-8, 368-72, 374-5, 377-81, 406-12, 414

© Li Jun 92, 94-5

© Fabio Mantovani 100-7

© Sanchez y Montoro 136-7, 139, 141-5

© Michael Moran 172-6, 172-9, 312-13, 315-16, 330-2, 330-5, 394-9, 401-3

© Kartikeya Shodhan 52-4, 57

© Voluntary Architects' Network 110-13

项目索引